AF464153

PRATIQUE

ET LÉGISLATION

DES IRRIGATIONS

DANS L'ITALIE SUPÉRIEURE

ET DANS QUELQUES ÉTATS D'ALLEMAGNE

RAPPORT

ADRESSÉ

A M. LE MINISTRE DE L'AGRICULTURE ET DU COMMERCE

31118

PRATIQUE

ET LÉGISLATION

DES IRRIGATIONS

DANS L'ITALIE SUPÉRIEURE

ET DANS QUELQUES ÉTATS D'ALLEMAGNE

RAPPORT

ADRESSÉ

A M. LE MINISTRE DE L'AGRICULTURE ET DU COMMERCE

PAR M. DE MAUNY DE MORNAY

INSPECTEUR DE L'AGRICULTURE

MEMBRE DU CONSEIL GÉNÉRAL DE L'AGRICULTURE

DEUXIÈME PARTIE. — LÉGISLATION

N° 4644

PARIS

IMPRIMERIE ROYALE

M DCCC XLIV

LÉGISLATION
DES IRRIGATIONS

DANS

L'ITALIE SUPÉRIEURE

ET

DANS QUELQUES ÉTATS D'ALLEMAGNE

Monsieur le Ministre,

J'ai dit, dans la première partie de ce rapport, ce qu'était la pratique des irrigations dans les pays que, par votre ordre, j'ai parcourus; maintenant j'arrive à l'exposé et à l'examen de la législation spéciale qui, dans les mêmes contrées, réglemente les eaux, ainsi que les cultures arrosées; seulement, ici, le champ d'exploration sera plus vaste. Un hasard heureux m'a fait connaître les législations de la Prusse, du grand-duché de Hesse, et celle en projet du Wurtemberg. J'ai reçu en même temps des détails sur les avantages résultant, pour l'agriculture de ces états, de l'adoption de bonnes lois, plus favorables que les anciennes au développement et à l'accroissement de la production agricole.

Je vais donc présenter les textes, traduits aussi littéralement que possible, des législations sarde, lombarde, parmesane, hessoise, prussienne, et de celle en projet du Wurtemberg; mais auparavant, permettez-moi, Monsieur le Ministre, de placer ici quelques observations générales et comparatives, réunies sous forme d'examen, dans lequel seront exposés les principes et les règles que la France pourrait, avec utilité, emprunter à ces jurisprudences étrangères, et inscrire dans ses codes. En adoptant cette marche, j'espère qu'il en résultera plus de clarté, que les principes seront ainsi mieux dégagés et plus facilement compris, que l'appréciation des textes en sera singulièrement facilitée.

Dans cet examen rapide, je ne veux imposer à personne mes opinions ni mon jugement : aussi mes réflexions seront courtes; mais je donne les textes dans toute leur intégrité, afin que chacun puisse y trouver lui-même ce que le législateur y a placé, et je me contente d'examiner quelques-uns des principes les plus importants. Chaque législation aurait pu donner lieu, de ma part, à une étude successive et particulière : mais comme ces lois ont de nombreux points de contact et de ressemblance, je serais tombé nécessairement dans des répétitions multipliées : j'ai donc choisi une autre distribution de matières, que je vais indiquer.

En examinant particulièrement ce que sont, dans les contrées que j'ai visitées, la propriété des eaux, le droit de passage forcé de l'eau sur le fonds d'autrui, l'expropriation forcée en matière d'irrigation et la pénalité spéciale, j'étudierai simultanément toutes les législations dont les textes traduits terminent ce rapport. Autour de ces règles principales, viendront se grouper les règles secondaires, mais cependant importantes, et Votre Excellence trouvera, je l'espère, dans mon travail, par cette disposition, toute la clarté désirable.

Parmi les textes, je donne à la législation sarde la première place, parce que, de l'avis de tous ceux qui se sont occupés de la question, cette législation est incontestablement la plus parfaite. Après elle, se trouve la loi lombarde, composée d'éléments épars, moins complète et surtout moins bien codifiée que la précédente. Le dernier des textes fournis par la haute Italie est l'extrait du Code civil des États de Parme, Plaisance et Guastalla, qui ne s'éloigne de notre Code qu'en quelques points, au reste fort importants. Viennent ensuite, dans leur ordre de promulgation, la loi sur les prairies du grand-duché de Hesse, la loi prussienne sur les irrigations, et enfin le projet wurtembergeois.

J'ai dit que la législation sarde était la plus parfaite; j'ajoute qu'elle est celle que nous pouvons le plus facilement et avec le plus grand avantage inscrire dans notre Code. A ce double titre, elle mérite toute l'attention de la France, et je l'examinerai, ne négligeant rien de ce qui peut la faire connaître entièrement, dans son esprit et dans sa lettre. Cependant, la législation lombarde ne doit pas être oubliée. Le Milanais, cette véritable merveille agricole, est le berceau de cette excellente jurisprudence, qui plus tard a fait une invasion si heureuse dans les États sardes : mais aujourd'hui la Lombardie vit autant sur des coutumes que sur des prescriptions bien écrites et bien établies; son code est celui de l'Autriche, et le droit d'aqueduc n'y est pas inscrit. Les antiques Constitutions de Milan, un décret de Napoléon, en partie abrogé; une interprétation plus ou moins juste, mais nécessaire, du code autrichien, telles y sont aujourd'hui les règles de la jurisprudence : aussi, je le répète, dans le Milanais, on obéit à des coutumes et à la nécessité, beaucoup plus qu'au droit écrit.

A qui voudra étudier l'histoire de ces législations des eaux et leurs effets sur la prospérité publique, il faudra indiquer la Lombardie, parce que là est la consécration des années, de l'application et des faits; mais à qui désirera connaître une loi bien formulée et bien complète, on devra présenter le Code sarde de 1837, véritable modèle en ce genre, que copient aujourd'hui les autres nations, et que la Russie elle-même vient emprunter.

Les législations allemandes, citées, sont toutes modernes; car la plus ancienne, celle de la Hesse grand-ducale, ne remonte qu'à l'année 1830. Leurs prescriptions diffèrent souvent de celles des lois de la haute Italie; je les examinerai cependant en même temps, extrayant, ainsi que je l'ai dit plus haut, leurs règles principales et les plaçant en regard de celles qui, dans la jurisprudence lombarde et sarde, s'en éloignent le moins.

Deux grands principes, étrangers à notre droit moderne, dominent les législations sarde et lombarde, et leur donnent toute leur valeur : je veux parler de *la propriété de toutes les eaux naturelles autres que celles des sources, attribuée à l'État*, et de la faculté donnée à chacun de *faire passer, sur le fonds d'autrui, les eaux qu'il a le droit de dériver des fleuves, rivières, fontaines ou d'autres eaux, pour l'irrigation des terres ou pour l'usage de quelque usine.* Le dernier de ces principes se retrouve dans le code de Parme.

Dans les législations allemandes, à côté du droit de passage forcé sur le fonds d'autrui, qui est inscrit formellement dans la loi prussienne et que l'on retrouve, au moins explicite, dans les législations hessoise et wurtembergeoise, se place, comme le grand principe, celui de l'expropriation forcée. Ainsi en Italie, plus grande liberté d'action donnée au propriétaire isolé; en Allemagne, expropriation fréquemment employée, réunion forcée des propriétés, et intervention considérable et incessante de l'administration publique.

L'examen auquel je vais me livrer se divisera donc ainsi : je parlerai d'abord de la propriété des eaux; puis je traiterai du droit de passage forcé de l'eau sur le fonds d'autrui; enfin, je dirai quelques mots sur l'expropriation forcée, l'intervention de l'autorité, et aussi sur la pénalité en matière d'eau.

CHAPITRE Ier.

DE LA PROPRIÉTÉ DES EAUX.

En m'ocupant de la propriété des eaux, je la dégagerai de ce qui n'intéresse pas directement l'irrigation, seul objet que je dois avoir en vue. Ainsi, je me tairai aussi bien sur les atterrissements, que sur les alluvions, les lais et relais, etc.

La propriété des eaux naturelles autres que celles des sources, aussi longtemps qu'elles n'ont pas quitté le fonds dans lequel elles naissent, est loin d'être réglée par notre Code civil; aussi, de ce défaut de clarté surgissent, chaque jour, de nombreuses difficultés; de plus grandes encore résultent de la non-attribution franche et complète à l'État, de la propriété de toutes les eaux. Les légistes diffèrent d'opinion, les tribunaux adoptent des jurisprudences fort diverses, la Cour suprême elle-même, et le conseil d'État, ont à cet égard des doctrines très-variables, et le pays tout entier souffre de ce défaut de règles sages et bien fixées.

En effet, dans notre loi, la propriété des eaux n'est déterminée que par les articles suivants du Code civil, et tout homme qui se sera occupé de la matière, reconnaîtra leur insuffisance. Je les rapporte dans leur entier, afin de mettre sous les yeux de Votre Excellence tous les moyens de comparer et de juger :

« 538. Les chemins, routes et rues à la charge de l'État, *les fleuves et rivières navigables et flottables,* les rivages, lais et relais de la mer ; les ports, les havres, les rades et généralement toutes les portions du territoire français qui ne sont pas susceptibles d'une propriété privée, sont considérées comme des dépendances du domaine public. »

. . . .

. . . .

« 641. Celui qui a une source dans son fonds peut en user à sa volonté, sauf le droit que le propriétaire du fonds inférieur pourrait avoir acquis par titre ou par prescription.

« 642. La prescription, dans ce cas, ne peut s'acquérir que par une jouissance non interrompue pendant l'espace de trente années, à compter du moment où le propriétaire du fonds inférieur a fait et terminé des ouvrages apparents destinés à faciliter la chute et le cours de l'eau dans sa propriété.

« 643. Le propriétaire de la source ne peut en changer le cours, lorsqu'elle fournit aux habitants d'une commune, village ou hameau, l'eau qui leur est nécessaire; mais, si les habitants n'en ont pas acquis ou prescrit l'usage, le propriétaire peut réclamer une indemnité, laquelle est réglée par experts.

« 644. Celui dont la propriété borde une eau courante autre que celle qui est déclarée dépendance du domaine public, par l'article 538, au titre *de la Distinction des biens*, peut s'en servir à son passage pour l'irrigation de ses propriétés.

« Celui dont cette eau traverse l'héritage peut même en user dans l'intervalle qu'elle y parcourt, mais à la charge de la rendre, à la sortie de ses fonds, à son cours ordinaire.

« 645. S'il s'élève une contestation entre les propriétaires auxquels ces eaux peuvent être utiles, les tribunaux, en prononçant, doivent concilier l'intérêt de l'agriculture avec le respect dû à la propriété; et, dans tous les cas, les règlements particuliers et locaux, sur le cours et l'usage des eaux, doivent être observés.

. . . .

« 714. Il est des choses qui n'appartiennent à personne, et dont l'usage est commun à tous.

« Des lois de police règlent la manière d'en jouir. »

. . . .

. . . .

Je lis bien, dans ces articles, que les fleuves et rivières navigables et flottables sont des dépendances du domaine public; que le propriétaire qui a une source dans son fonds peut en user à sa volonté; que celui dont la propriété borde une eau courante non navigable ni flottable, a le droit de s'en servir, à son passage, pour l'irrigation de ses propriétés; que celui dont l'héritage est traversé par une eau courante, peut l'appliquer à tout usage qui lui convient, pourvu qu'il la rende à la sortie de ses fonds, à son cours ordinaire; qu'enfin des lois de police règlent la manière de jouir des choses communes; mais je n'y vois rien de complétement et de clairement réglé.

La propriété des cours d'eau navigables ou flottables est à l'État, mais les cours d'eau non navigables ni flottables n'appartiennent à personne; seulement un droit d'usage les confisque au profit du riverain, et, si celui-ci ne peut en user, les rend inutiles, alors qu'ils pourraient être, pour l'agriculture des terres voisines, mais non riveraines, un immense bienfait. Il est vrai que l'État, remplissant, aux termes de la législation, son devoir de surveillant et de régulateur, agit presque en propriétaire de ces cours d'eau ni navigables, ni flottables; mais sa position n'est pas nette, n'est pas toujours acceptée. De là de nombreux conflits, de fréquents embarras, et les eaux vont à la mer sans avoir rendu la vingtième partie de la somme de services que l'on pourrait en obtenir.

Je ne m'étendrai pas davantage sur ce qui nous est propre, car mon devoir est bien plutôt d'exposer que de discuter; cependant, par la force même des choses, je devrai quelquefois, pour être bien compris, établir des comparaisons : mais j'agirai, dans ce cas, avec la plus grande discrétion possible, renvoyant d'avance aux savants jurisconsultes qui, sans pourtant l'éclairer entièrement et sur tous les points, parce qu'une base solide et bien déterminée leur manquait, ont traité de la matière.

Des peuples qui, comme les Piémontais et les Lombards, avaient déjà, depuis des siècles, fait de gigantesques progrès dans la pratique et dans l'emploi de l'irrigation, ne pouvaient donc, dans ces dernières années, copier servilement, à cet égard, notre Code civil : une législation plus explicite et plus complète leur était indispensable, et, pour arriver à ce résultat, rien n'était, au reste, à changer à leur ancienne jurisprudence.

Je vais, en quelques mots, tracer, pour la haute Italie, l'histoire de la propriété des eaux, et indiquer les prescriptions législatives qui les réglementent aujourd'hui. J'exposerai ensuite ce que sont, à cet égard, les législations actuelles de la Hesse, de la Prusse et du Wurtemberg.

Sans rien dire des règles établies par le droit romain, j'arrive immédiatement à l'adoption du droit teutonique, qui accompagna l'invasion des barbares, et qui donna au seigneur féodal, non un simple droit de police et de surveillance, mais bien la propriété absolue des eaux. Celles-ci cessèrent alors d'être publiques pour devenir privées, mais elles furent affectées à la seigneurie, qui en tirait, dans ce temps de barbarie, tout le parti possible, et qui était, plus qu'on ne le croit généralement, une sorte de communauté dans laquelle, il est vrai et je ne veux pas le nier, les devoirs et les avantages n'étaient ni égaux ni comparables.

Cependant, de nouvelles tendances se manifestaient. Les antiques cités de la Ligue lombarde recouvrèrent en 1183, lors de la paix de Constance, les droits conquis par les seigneurs, droits qui s'appelaient *régaliens*, et les cours d'eau redevinrent publics. La cité, dans toutes les terres de sa dépendance, qui toujours en Italie, comme dans la France méridionale, étaient fort étendues, et s'appelaient l'*agro della citta*[1], eut l'administration de toutes les eaux et en régla l'emploi. Personne ne pouvait en user sans son autorisation et sa concession.

De la Lombardie, cette jurisprudence gagna successivement plusieurs des contrées voisines. Le Novarais en reçut immédiatement les bienfaits, et elle s'établit peu de temps après en Piémont. Plus tard, lorsque la forme monarchique remplaça celle plus ou moins républicaine des villes de l'Italie, les souverains ne modifièrent point l'excellent état de choses créé, et toutes les eaux naturelles, excepté les eaux de source, restèrent dans le domaine public et y sont encore aujourd'hui.

Ainsi les anciennes Constitutions de Milan, dont l'origine est antérieure au XIIe siècle, déclaraient, au chapitre *Des eaux et des fleuves :*

« Il est défendu à toutes personnes d'user, directement ou indirectement, de l'eau des canaux navigables, faits de main d'homme (en italien *navigli*), non plus que de l'eau des fleuves et rivière du domaine public, navigables ou non, ni

[1] *Du Régime des eaux*, par le chevalier Giovanetti, de Novare. Imprimerie royale, 1844.

de toutes autres eaux servant à l'usage du prince ou à des usages publics, en quelque lieu qu'elles se trouvent, dans les lieux soumis médiatement ou immédiatement au prince, à moins que ces personnes n'aient un titre et ne l'établissent par lettres patentes du souverain, indiquant le lieu de la prise d'eau et la quantité de celle-ci, ainsi que l'usage que l'on veut en faire. Aucune autre prescription n'étant admise, que celle d'une antiquité telle, qu'on n'ait point souvenir d'un état de choses différent[1]. »

Plus tard, dans le Code civil général autrichien, promulgué en 1816, et loi actuelle du royaume Lombard-Vénitien, il est dit, article 287 : *les choses dont l'usage seul est accordé aux citoyens, comme les routes maîtresses, les fleuves, les rivières, les ports et les rivages de la mer, sont appelés biens universels et publics.*

[1] « Omnibus interdictum est ne, directe vel per indirectum, utan« tur aquis fossarum manufactarum navigabilium (vulgo *navilià* ap« pellant), nec etiam fluminum regalium, sive navigabilium, sive in« navigabilium, vel aliis aquis ad usum principis vel alias publicum « destinatis, ubilibet existentibus, et tam in locis mediate quam im« mediate principi subjectis, nisi titulum habeant, et ostendant per « litteras principis continentes locum aquæ ducendæ, ipsiusque quan« titatem, et ad quem usum, nulla præscriptione admissa, nisi ea : « quæ sit tanti temporis, cujus initii in contrarium memoria non exis« tat. (*Constitutiones Mediolanensis dominii*, *curante comite Gabriele Verro* ; « 1764, lib. IV, *de Aquis et fluminibus*, pag. 324.) »

Enfin on lit dans le Code sarde, promulgué en 1837, article 420, *que les fleuves, rivières et torrents sont considérés comme des dépendances du domaine royal.*

Ainsi est réglée, dans les États sardes et dans toute l'étendue de la Monarchie autrichienne, la propriété des eaux.

De cette législation, il résulte, dans ces contrées, l'emploi le plus complet et le plus rationnel possible de toutes les eaux naturelles autres que les sources. Jamais les graves inconvénients causés par le droit d'usage accordé chez nous aux riverains, ne se présentent. Le Gouvernement peut, en Sardaigne ainsi qu'en Autriche, provoquer des demandes de concessions et n'accorder celles-ci qu'aux personnes les mieux placées pour en tirer le parti le plus avantageux et, par conséquent, le plus utile au pays. Il tient compte des besoins de l'industrie aussi bien que des nécessités de l'agriculture, et fait à l'une et à l'autre la part qui, en bonne justice, doit lui être attribuée. Bien plus, il accorde, avec la concession, tous les droits qui sont nécessaires pour que l'on en tire tout le profit possible : ainsi dans la haute Italie, en deçà du Pô, jamais de difficultés pour la quantité d'eau à dériver et à consommer; jamais, non plus, le droit d'appuyer un barrage nécessaire pour la prise d'eau, ne donne lieu à aucune discussion.

La législation parmesane, calquée, en ce qui concerne la propriété des eaux, sur notre code civil, n'a paré à aucun des graves embarras que fait naître la loi française.

La loi sur la culture des prairies, de la Hesse grand-ducale, ne recèle rien qui puisse donner lieu de penser que le législateur ait voulu attribuer, dans ce pays, aux riverains, un droit d'usage exclusif sur les cours d'eau non navigables ni flottables.

En Prusse, la matière est réglée ainsi qu'il suit, par la loi de 1843 :

1. *Chaque riverain d'un cours d'eau privé (source, ruisseau, rivière ou étang d'eau vive), peut s'en servir à son passage pour son avantage personnel, et sous les conditions indiquées dans les articles 13 et suivants de la présente loi, à moins que ce cours d'eau ne soit la propriété d'un tiers, ou que les lois provinciales, statuts locaux, ou des titres constituant des droits spéciaux, ne motivent une exception.*

Plus loin, sont développées les dispositions spéciales relatives au droit des riverains.

Il semble, au premier abord, que la Prusse ait adopté, dans toute son intégrité, le principe inscrit dans notre Code : cependant, il n'en est rien ; à côté de la règle générale, des prescriptions particulières la modifient profondément, et l'empêchent d'aller jusqu'à l'abus excessif : ainsi le riverain peut céder son droit à un tiers ; le droit d'appui forcé pour un barrage est concédé ; etc., etc.

Dans le projet de loi wurtembergeois, il est écrit : *Les propriétaires de prairies situées sur les bords ou dans le voisinage d'une eau courante, sont autorisés à s'en servir pour l'irrigation de leur propriété, etc.* Ici le droit d'usage appartient non-seulement aux riverains, mais encore à ceux qui sont dans le voisinage. Or cette disposition est presque suffisante, pour que tout le parti possible soit tiré de l'eau.

Monsieur le Ministre, je veux mettre, sous vos yeux, un seul exemple, choisi, dans notre pays, entre mille faits également déplorables, qui tous ont pour cause première, et souvent unique, la non attribution à l'État, des eaux non navigables ni flottables.

Les riverains seuls ont le droit d'user des eaux de cette espèce : encore cette faculté d'usage ne peut profiter qu'à leurs propriétés riveraines, et il ne leur est pas permis de céder ce droit à personne : or, il arrive que l'un des riverains ne possède sur le bord de la rivière ou du ruisseau, qu'une pièce de terre, longue, mais étroite, d'un demi-hectare par exemple, et au delà de laquelle se trouve une étendue considérable de terrain, de 100 hectares, si l'on veut, à laquelle l'irrigation serait très-utile, peut-être même indispensable, et qui cependant en est absolument privée et pour toujours: en effet, elle n'est pas riveraine, et le riverain ne peut, en aucune façon et pour aucun prix, vendre ou affermer son droit d'usage, à ceux qui possèdent les 100 hectares.

Le droit d'usage n'existe que pour le propriétaire riverain : il ne peut être transmis, par qui que ce soit, à tout autre fonds non riverain, celui-ci ne serait-il qu'à quelques mètres du cours d'eau. Il y a donc là un grand intérêt privé, et par conséquent un grand intérêt public gravement blessés par cette fâcheuse jurisprudence. Encore ici je n'ai rien dit de l'impossibilité où se trouve souvent le riverain d'user du droit qui lui est attribué, et alors l'eau ne sert à rien et porte à la mer les trésors qu'elle charrie.

Pour rendre plus palpable la fâcheuse position faite à l'agriculture par la législation en matière d'eau, j'ai considéré le riverain comme voulant céder son droit; mais s'il le pouvait et ne le voulait pas, les mêmes inconvénients surgiraient.

Mon but est surtout de faire bien comprendre que, sur les cours d'eau navigables et flottables, l'eau, en vertu de concession toujours possible, peut être entièrement utilisée, tandis que sur les cours d'eau non navigables ni flottables, elle doit très-souvent se perdre sans être employée. En effet, si les riverains ne peuvent l'utiliser et l'utiliser complétement, ce qui, par la disposition des lieux, arrive fréquemment, elle se perd nécessairement, puisque ni riverains, ni Gouvernement ne peuvent attribuer à personne cette quantité qui ne rend alors aucun service.

Ce que je viens de dire s'applique, avec la même force, à une propriété même riveraine, mais qui, pour recevoir utilement de l'eau à sa surface, doit la dériver, non vis-à-vis de la rive qui lui appartient, mais plus ou moins haut en amont, sur une rive qui n'est pas la sienne. Cela est vrai aussi pour une foule d'autres cas, qu'il serait trop long d'énumérer.

J'ai désiré seulement faire connaître que la législation qui met, dans la dépendance de l'État, toutes les eaux naturelles autres que celle des sources, est la seule bonne et la plus profitable au pays. En Sardaigne et en Autriche, régies par cette législation, aucun des inconvénients signalés ci-dessus n'existe ni ne peut exister. Aussi, en Lombardie et en Piémont, pas une goutte d'eau n'est perdue; tout est appliqué, avec économie et intelligence, à faire produire au sol tout ce que l'on peut en attendre, ou à mettre en mouvement d'utiles usines.

Les règles du droit y sont claires et franches; beaucoup de luttes et de procès sont évités, et je ne crois pas que la France puisse jamais utiliser complétement toutes les eaux si abondantes qui coulent sur son sol, tant que l'État, c'est-à-dire la communauté des citoyens ne les possédera pas sans conteste, quels que soient leur volume et leur destination; ne les administrera pas, ne les concédera pas avec ou sans condition, et ne les répartira pas, avec justice et impartialité, entre l'agriculture et l'industrie manufacturière.

CHAPITRE II.

DU DROIT D'AQUEDUC, OU DE LA SERVITUDE DU PASSAGE FORCÉ DE L'EAU SUR LE FONDS D'AUTRUI.

Par le mot *aqueduc*, il ne faut point entendre ici ces ouvrages en maçonnerie ou en bois auxquels, en terme d'art, et je dirai même dans l'habitude du langage, on applique ordinairement cette dénomination. En Italie, aqueduc, *acquedotto,* a toute la valeur des mots latins dont il est composé, *aquæ ductus,* conduite d'eau : il signifie, dans tous les cas possibles, un canal, quel qu'il soit, creusé dans le sol et à sa surface, ou soutenu au-dessus de lui par des colonnes ou des piles, ou enfoui à des profondeurs variables, soit en maçonnerie de pierre ou de brique, soit en terre, soit en bois, etc. De plus, dans la langue légale, chez les Italiens, comme chez les Romains, droit d'aqueduc, *acquedotto, aquæ ductus*, équivaut à une phrase tout entière, qui est celle-ci : servitude du passage forcé de l'eau sur le fonds d'autrui; je l'emploierai donc dans cette acception.

Le mot est défini; je puis passer à son appréciation, et dire que le droit d'aqueduc est indispensable pour que, partout où elle est possible, l'irrigation acquière son entier développement. Sans ce droit, mille difficultés entravent l'utile emploi de l'eau. Si j'avais à m'occuper de la France, je pourrais indiquer, à Votre Excellence, une foule de faits qui démontreraient, bien mieux que des raisonnements, la nécessité de modifier ce qui est, et d'adopter, le plus tôt que l'on pourra, le projet de M. le comte d'Angeville, modifié par la commission de la Chambre des députés. L'honorable M. d'Angeville, qui a pris, avec tant de zèle et d'intelligence, l'initiative d'une proposition dont l'adoption rendra d'éminents services à l'agriculture française, a été amené à cette démarche par les rudes épreuves qu'il a subies en créant les belles prairies de sa terre de Lompnès (Ain).

La haute Italie, qui doit beaucoup au premier principe que j'ai exposé d'abord, n'aurait point progressé, si le droit d'aqueduc n'avait été inscrit dans sa législation. Je vous demanderai, Monsieur le Ministre, de rappeler, le plus rapidement possible, ce que j'appellerai l'histoire de ce droit dans l'Italie supérieure.

Le témoignage le plus ancien et le plus certain de l'existence du droit d'aqueduc est, après ce que l'on trouve dans quelques chartes des xe, xie et xiie siècles, la mention qui en est faite, en 1216, dans le recueil des Constitutions du Milanais, publié, à cette époque, par Brunasio Porcha, de Novare, podestat de Milan. Or il est à observer que, dans ce recueil, on ne promulgue pas de nouvelles lois, mais que l'on y inscrit, seulement, des coutumes établies depuis longtemps, et sans origines connues puisqu'elles ne sont pas indiquées. Il faut donc inférer de tout ceci que le droit d'aqueduc est, en Lombardie, antérieur au xe siècle, et adoptant, à cet égard, l'opinion du savant Giovanetti qui, au reste, me sert ici, comme dans tout ce rapport, de guide sûr et éclairé, je pense que cette doctrine n'est qu'une interprétation plus ou moins juste, mais amenée par la nature des choses, du droit romain, qui, au delà des Alpes, a toujours conservé une très-grande autorité.

De nombreuses éditions des Constitutions du Milanais ont été publiées successivement [1], et j'emprunte à la meilleure de toutes, au recueil annoté et donné par le comte Gabriel Verri, le passage entier qui traite du passage forcé de l'eau sur le fonds d'autrui [2].

« A tous ceux qui ont le droit et la faculté de

[1] Louis XII, un de nos rois, maître du Milanais, compléta, en 1502, l'édition dont la publication avait été commencée par Lodovico Sforza, dit le More.

[2] « Omnibus habentibus jus et facultatem aquæ ducendæ, tam ex

dériver des eaux, tant des sources (*fontanili*) que des fleuves et rivières, et de quelque façon que ce soit, qu'il leur soit permis de faire passer cette eau à travers les champs et propriétés de toute personne, commune, ou corporation légalement instituée, même le long de la voie publique, en faisant les canaux, écluses et autres constructions

« fontanilibus quam ex fluminibus, et aliter quomodocumque, liceat « aquam ducere per agros et possessiones cujuslibet personæ, com- « munis, vel universitatis hujus dominii, etiam secus vias publicas, « fossas, clusas, et alia necessaria faciendo, ad minus damnum et in- « commodum partium, ipsis tamen aquam ducentibus perprius solven- « tibus pretium terræ quæ in his occupanda erit, quartamque partem « ultra æstimationem veri pretii, et damnum, si quod inferri contin- « get, arbitrio duorum virorum in similibus peritorum, qui tamen « respectu damni, illud plus quam in duplum veræ æstimationis æsti- « mare non possunt.

« Eoque amplius præmissi aquam ducentes facere, et manutenere « pontes tenentur, et aggeresque (et vulgo dicunt *soratoria*) aliaque « necessaria, prout expediens fuerit, ita quod ex aqua ducenda præ- « dia aliorum, maxime pluviarum tempore non inundent, nec exinde « aliquod damnum privatis, vel viis publicis inferatur.

« Possuntque duci aquæ, et subtus, et supra rugias aliorum, « modo tamen fiant ædificia de lapidibus et cæmento, et modo quod, « ducentes aquas sub alienis aquis, ita fistulas struant, ne aquæ su- « periores in inferiores decidant. Aquæductumque firmum, et stabi- « lem manuteneant, ita quod superius ducens nullum damnum sen- « tiat, nec ultra solitum alveus elevetur, sed aquæ consuetum decur- « sum habeant. » (*Constitutiones Mediolanensis dominii; curante illustrissimo comite Gab. Verro. Mediolani*, 1764, lib. IV, *De aquis et fluminibus*, pag. 325.)

nécessaires, pour le moindre dommage et la moindre incommodité des parties, à la charge toutefois, par ceux qui dérivent l'eau, de payer, préalablement à tous travaux, le prix de la terre qu'ils doivent occuper pour ces ouvrages, plus, un quart en sus de l'estimation légale. Quant au dommage, s'il en est, ils le payeront d'après le dire de deux arbitres experts en pareille matière, qui cependant ne pourront allouer plus du double de la valeur légale du sol cédé.

« En outre, ceux qui useront du droit susmentionné sont tenus d'établir et de maintenir les ponts, digues (*soratoria*) et autres travaux nécessaires, selon qu'il aura été jugé utile, de manière à ce que, en conduisant l'eau, la propriété d'autrui ne soit pas inondée dans la saison des pluies, et qu'il n'en résulte aucun dommage pour les voies de communication publiques, ou pour les particuliers.

« On peut faire passer les eaux au-dessus et au-dessous des canaux d'autrui, à la condition d'établir des constructions en pierre et mortier; ceux qui font passer des eaux sous les eaux d'autrui, doivent établir les siphons (*fistulas*) de telle manière que l'eau du canal supérieur ne tombe pas dans le canal inférieur.

« L'aqueduc doit être maintenu solide et stable, de sorte que celui qui fait passer l'eau au-dessus n'en éprouve aucun dommage, que son canal n'ait à craindre aucune variation dans la profondeur de son lit, mais que l'eau conserve son cours accoutumé. »

En insérant ici ce fragment de législation, le plus ancien de tous ceux qui constatent l'antiquité et les règles du droit d'aqueduc, j'ai voulu que Votre Excellence pût en apprécier toute la portée.

Le territoire de Milan, *l'agro di Milano,* profita seul pendant longtemps de cette utile jurisprudence, et ce ne fut qu'en 1541, que l'empereur Charles-Quint la rendit obligatoire pour tout le duché, dans lequel était alors compris le Novarais.

Cet état de choses se maintint sans changement pendant plus de six siècles, jusqu'à l'époque où la Lombardie échappa à la Maison d'Autriche, et où fut établie la république cisalpine, qui devint, peu de temps après, la république italienne, puis le royaume d'Italie.

De nouvelles lois furent alors promulguées, et le droit d'aqueduc n'y fut pas inscrit : mais, sous l'empire de la nécessité, et par l'obéissance librement consentie aux anciennes règles et coutumes, il n'éprouva que de faibles atteintes. Cependant on craignit que l'ordre établi avec tant de raison, ne fût détruit; le pays s'émut; le corps législatif italien vota la loi du 20 avril 1804, et le maintien du droit d'aqueduc y fut formellement indiqué, en ces termes :

Article 52. *Quiconque*[1], *possédant légitimement des eaux privées ou publiques, entend les dériver dans l'intérêt de l'agriculture, ou pour mettre en jeu des machines ou engins hydrauliques, peut les faire passer sur le terrain d'autrui, en payant la valeur, constatée par estimation, du terrain à occuper par le canal à établir, plus le quart en sus, et en s'obligeant, en outre, à entretenir cet aqueduc, les berges, travaux d'art, etc., comme encore à indemniser le propriétaire asservi, de tout dommage que l'opération peut causer au fonds traversé.*

Ce n'était, comme on le voit, que la reproduction de l'article des Constitutions transcrit plus

[1] « 52. Chiunque intenda derivare acque private o pubbliche legit« timamente possedute, per oggetti di agricoltura o per attivazione di « macchine ed opificii idraulici, può condurle pel fondo d'altrui, pa« gando il valore del terreno occupato dall' acquedotto, in ragione di « stima col quarto di più, ed obbligandosi così alla manutenzione dell' « acquedotto, sponde, edificii, ecc., come ad indennizzare il possessore « di qualunque danno può derivare al fondo istesso. Legge del 20 aprile « 1804, titolo III. »

haut; ce n'était que le rétablissement de l'antique et nécessaire jurisprudence du duché de Milan. Mais le royaume d'Italie cessa d'exister; le Code civil général autrichien fut promulgué, à Milan, en 1816, et le droit d'aqueduc disparut encore de la législation. Mais il était dans les mœurs, dans les habitudes, et l'agriculture lombarde ne pouvait s'en passer : aussi, chose très-remarquable, malgré le silence de la loi, il ne cessa pas d'exister. Ce qui l'indique assez, est le long intervalle qui s'écoula entre la promulgation, en 1816, du Code autrichien et la notification du Gouvernement, du 18 juin 1825. Celle-ci, par son retard, aurait apporté une immense perturbation, si cet acte de la puissance publique avait été d'une imminente nécessité : mais quelques cas très-rares et très-tardifs de refus le firent réclamer; et si, au point de vue historique, cela dénote le maintien, par la force des choses, d'une législation abrogée, cela indique aussi combien cette législation était indispensable. La notification dont je parle ordonne que les lois italiennes des 20 avril et 20 mai 1806, en ce qu'elles contiennent au sujet de la servitude du passage forcé de l'eau sur le fonds d'autrui, restent en pleine vigueur. Le droit d'aqueduc existe donc légalement aujourd'hui, dans tous les pays qui, après avoir fait partie du royaume d'Italie, sont rentrés sous la domination de l'Autriche.

Les ducs de Savoie avaient, dès 1584, établi, dans leurs États, la servitude du droit d'aqueduc: celle-ci fut, plus tard, reproduite et développée dans les Constitutions royales du roi Victor-Amédée II, et dans celles promulguées, en 1770, par son fils Charles-Emmanuel III. Le sénat de Turin accorda même le droit de passage forcé pour l'eau seulement affermée, et aussi en faveur du simple fermier des fonds à arroser[1].

Le Piémont fut réuni à la France en 1802, et cessa alors de participer aux bienfaits d'une législation que les habitudes agricoles y rendaient presque aussi nécessaire qu'en Lombardie; heureusement, pour l'agriculture du Novarais et de la Lomeline, que ces provinces, les plus irriguées des États sardes, furent alors réunies au royaume d'Italie, et purent ainsi profiter du maintien du droit d'aqueduc, dû aux anciennes coutumes et à la promulgation de la loi de 1804, citée plus haut. Mais, en 1814, la monarchie sarde fut reconstituée, non-seulement dans ses anciennes

[1] *Du Régime des eaux*, par le chevalier Giovanetti, de Novare. Imprimerie royale, 1844.

limites, mais encore agrandie par l'adjonction de l'État de Gênes, et les Constitutions dont j'ai parlé furent remises en vigueur. Je n'en extrairai pas le texte, qui réglait le droit d'aqueduc, car il se trouve presque littéralement reproduit dans une législation plus nouvelle, dont je vais parler avec détail. Seulement je dirai qu'alors le propriétaire grevé de la servitude ne recevait que la somme représentant la valeur réelle du terrain occupé, plus le huitième en sus.

Dès son avénement au trône, le roi Charles-Albert, mû fortement par le désir d'accroître le bonheur de son peuple, voulut le faire jouir, le plus promptement possible, d'une bonne législation, complète, promulguée sous forme de codes, et remplaçant des constitutions anciennes et des lois éparses. Afin d'atteindre ce but, S. M. Sarde nomma une commission dite *de législation*, à laquelle il ordonna de rédiger d'abord, et avant tout, un Code civil, dont le plan serait celui de notre Code Napoléon, mais dans lequel devaient se trouver toutes les améliorations que la pratique avait fait juger nécessaires, et aussi toutes les modifications que des mœurs, des habitudes ou des besoins différents pouvaient réclamer.

La Commission de législation se mit à l'œuvre,

provoqua le concours des juristes les plus compétents, et le savant M. Giovanetti, avocat de Novare, l'un des hommes les plus éminents de l'Italie, et que Votre Excellence a hautement apprécié, fut chargé de rédiger tout ce qui concernait les eaux. Ce travail de M. Giovanetti, communiqué aux maîtres de la science hydraulique, et particulièrement au célèbre Bidoni, fut adopté, dans presque toute son intégrité, et inséré par la Commission dans le projet de Code. Le roi Charles-Albert fit alors envoyer celui-ci aux Sénats de Turin, de Gênes, de Chambéry et de Nice, ainsi qu'à la Chambre royale des comptes, en appelant, sur lui, les observations de ces cours supérieures, qui en adressèrent de très-nombreuses, auxquelles la Commission répondit. Observations et réponses ont été imprimées, et je crois devoir, Monsieur le Ministre, inscrire, dans ce rapport, celles qui se rattachent plus particulièrement au droit d'aqueduc ou à la servitude du passage forcé de l'eau sur le fonds d'autrui.

« Les Sénats de Piémont (Turin), et de Gênes font les observations suivantes sur le projet présenté par la Commission de législation :

« Le Sénat de Gênes voudrait supprimer la disposition qui accorde le passage forcé des eaux sur la propriété d'autrui, sauf les cas où il s'agirait de grands canaux, et lorsque des avantages notables pour l'agriculture devraient en résulter.

« Le Sénat de Piémont désirerait que le passage fût également autorisé par les canaux et les aqueducs existants, admettant ainsi la confusion ou le mélange, pendant un certain temps, des eaux des divers usagers. »

. . . .

. . . .

La commission répond :

« La disposition qui accorde, sur la propriété d'autrui, le passage des eaux amenées pour l'irrigation des terres, ou pour l'usage des usines, est depuis longtemps légalement en vigueur dans le Piémont, et elle y a de tout temps produit des effets d'utilité non contestés. Les avantages notables que l'agriculture, ainsi que toutes les autres branches de l'industrie, en retire, ont motivé son adoption, et c'est précisément de sagénéralité que dérivent ces avantages. De cette disposition restreinte à certains canaux, il résulterait, non l'avantage général, mais bien plutôt celui privé de quelques propriétaires. On ne croit donc pas devoir admettre l'observation du Sénat de Gênes.

« La commission ne croit pas non plus qu'il

convienne d'étendre la disposition, ainsi que le voudrait le sénat de Piémont, au passage forcé dans les canaux d'autrui.

« Les nombreuses discussions et les procès auxquels ont, de tous temps, donné lieu la confusion des eaux appartenant à divers usagers, la défaveur qui s'attache à l'idée d'une communion forcée et perpétuelle, sont autant de raisons qui ont porté la commission à s'écarter sur ce point de la législation actuellement en vigueur. D'un autre côté, elle fait observer qu'il n'existe pas, à cet égard, un motif suffisant d'utilité publique, pour qu'on lie à ce point la propriété : en effet, lorsqu'il y a refus d'admettre l'eau dans les canaux existants, on peut toujours construire un canal pour la conduire; on est seulement entraîné à quelque dépense, et souvent cet excédant de frais n'existe pas; mais, lors même qu'il aurait lieu, une semblable considération ne pourrait l'emporter sur les inconvénients et les dangers d'une association forcée, non plus que sur les difficultés qu'entraînerait la juste mesure et la répartition des eaux.

« L'observation du sénat de Piémont a cependant amené la commission à se représenter le cas où, non celui qui demande le passage, mais celui qui doit l'accorder, trouverait de son intérêt de le donner par un canal déjà existant; et, partant toujours du principe d'attaquer le moins possible le droit de propriété, elle propose une addition à la fin de l'article, par laquelle serait accordé, au propriétaire du fonds traversé, le droit de se racheter, en tant qu'il lui conviendrait, de la construction d'un nouveau canal sur sa propriété, en offrant le passage par un canal déjà existant, si ce dernier, ainsi que les eaux courantes, lui appartient. »

Le Code Albertin, après avoir subi l'examen des Sénats, de la Chambre des comptes et la discussion du Conseil d'État, fut promulgué à Turin, le 20 juin 1837, en la forme accoutumée. Les États sardes obtinrent ainsi le bénéfice d'une excellente législation, claire, parfaitement codifiée, réglant surtout complétement ce qui fait ici l'objet de mon examen, la matière des eaux, et particulièrement le droit d'aqueduc.

Incidemment, mais toujours au point de vue agricole, je signalerai aussi à Votre Excellence, mais en les mentionnant seulement, les grandes améliorations apportées, dans le même Code, au régime hypothécaire. Nous pourrions là, aussi bien qu'en ce qui concerne l'emploi des eaux pour les choses de l'agriculture, faire utilement de nombreux emprunts.

Le Code de Parme, promulgué en 1820, tout en laissant subsister presque toutes les imperfections de notre Code en matière d'eau, assimila néanmoins le passage des eaux sur le terrain d'autrui, à celui pour cause d'enclave.

La loi du grand-duché de Hesse est tout entière basée sur l'expropriation; il en résulte que le droit du passage forcé des eaux s'y trouve réglé par des prescriptions différentes de celles inscrites dans les législations lombarde, sarde et parmesane, mais que cependant la faculté ou l'exercice n'en existe pas moins.

En Prusse, où les droits du riverain, sans être aussi complets qu'en France, ont pourtant une assez grande extension, le riverain ou l'usager cessionnaire de celui-ci, peut demander, lorsque les ouvrages ne peuvent être établis sur son héritage l'exécution, à titre de servitude légale, sur le fonds d'autrui, des travaux nécessaires à l'irrigation de sa propriété. Le droit d'appui d'un barrage sur la rive qui n'appartient pas à l'irriguant, droit qui résulte, en Lombardie et en Sardaigne, de la concession, est accordé par le même article de la loi prussienne, qui va jusqu'à prescrire, sur la demande de l'arrosant, la restriction d'un droit de prise d'eau appartenant à une usine. Puis des dispositions secondaires règlent quelques cas : ainsi le propriétaire de l'héritage traversé, qui ne veut pas souffrir la servitude, peut exiger que la partie du terrain nécessaire aux travaux d'irrigation soit achetée par l'arrosant; le propriétaire de la rive, sur laquelle un barrage vient s'appuyer, a le droit d'opter entre une juste indemnité, et la jouissance de la moitié des eaux. Les autres circonstances prévues, seront facilement appréciées à la simple lecture du texte.

Le projet de loi wurtembergeois a pris pour principe l'expropriation, et la servitude du passage n'y est pas distinguée des autres droits qui incombent à l'irriguant.

Quoi qu'il en soit, qu'on le doive à une mention spéciale dans la législation, qu'il soit placé au rang des servitudes, ou qu'il puisse être créé par l'expropriation, le droit d'aqueduc existe chez toutes les nations dont les lois sont imprimées à la suite de ce rapport. En effet, sans lui, point d'emploi complet et profitable de toutes les eaux qui arrosent une contrée; sans lui, perte certaine d'un des éléments les plus puissants de la production agricole.

CHAPITRE III.

DE L'EXPROPRIATION, ET DE L'INTERVENTION DE L'AUTORITÉ.

Vieillis dans la pratique des irrigations, les entendant à merveille, et sachant en apprécier toute l'importance, les Italiens ont adopté une législation facile, dégagée de formalités toujours gênantes et coûteuses. Leurs lois ont été produites successivement par les mœurs et les habitudes; la jurisprudence a seulement consacré ce qui existait, ou ce qui était devenu évidemment indispensable.

Mais les Allemands, au contraire, nouveaux venus dans la carrière, moins instruits dans la pratique de ce qu'ils voulaient favoriser, ont demandé à la législation de créer immédiatement, et de toutes pièces, ce qui n'existait pas, et d'amener, en le rendant facile ou possible, un meilleur état de choses, que désiraient les hommes éclairés, mais que le très-grand nombre ne connaissait pas. Aussi, de là ce mélange de timidité et de hardiesse; des droits énormes accordés, plus larges, plus grands qu'ils ne sont en Italie, mais en même temps hérissés de formalités et d'entraves. Dans une foule de cas, l'expropriation, les enquêtes, l'intervention de l'autorité y remplacent la marche si simple de la législation lombarde, et surtout de celle établie par le Code sarde. Cependant, il y a d'excellentes choses, que Votre Excellence appréciera parfaitement, à la simple lecture, sans qu'il soit nécessaire que j'entre ici dans un examen très-détaillé.

Seulement, je ne laisserai pas supposer que l'expropriation forcée ne puisse être employée, pour des travaux d'irrigation, dans les États sardes : au contraire, tout y est fait et compris pour que l'arrosement des terres, cette pratique agricole, souvent indispensable, mais toujours et partout utile, se répande et s'emploie autant qu'il est possible. On y use de l'expropriation, tandis qu'ailleurs on en abuse, en y recourant alors que des procédés moins compliqués, par conséquent plus rapides et moins chers, pourraient suffire.

La législation sarde a donc prévu le cas où l'expropriation forcée serait indispensable pour le développement et la mise en pratique de l'irrigation : elle a tracé des règles, et je donne, parmi les extraits du Code civil sarde, les articles 441 et 442 qui règlent la matière de l'expropriation. De plus, je vais transcrire ici quelques fragments de la loi spéciale sur l'expropriation forcée pour cause d'utilité publique, promulguée à Turin le 6 avril 1839, et complétant ce qui est inscrit dans le Code Albertin.

1. *Sont d'utilité publique, les travaux qui s'exécutent pour le compte de l'État, des administrations, des provinces et des communes; ces travaux, lorsque nous jugerons convenable de les autoriser, ainsi que les propriétés à occuper pour leur exécution, seront, aux termes de l'article 441 du Code civil, déterminés par ordonnances royales rendues sur l'avis du conseil d'État.*

2. *Les travaux exécutés par des compagnies, ou par de simples particuliers pourront néanmoins, aux termes de l'article 4 de l'ordonnance spéciale, être déclarés aussi d'utilité publique, toutes les fois que leur importance ou que leur influence sur le développement de la richesse publique, rendront utile de leur attribuer ce caractère.*

Puis une instruction ministérielle, du 12 juin 1839, explique et complète l'ordonnance du 6 avril. J'y lis :

« Les canaux et conduites d'eau, lorsque leur établissement doit tourner à l'avantage du pays, rentrent évidemment dans la classe des travaux en faveur desquels il y a lieu d'obtenir déclaration d'utilité publique. En effet, de ce que le Code civil a établi, pour cet objet, quelques règles spéciales destinées à faciliter aux particuliers l'exécution desdits ouvrages, il ne s'ensuit certainement pas que, s'ils réunissent tous les caractères qui suffiraient à d'autres constructions, pour qu'on leur attribuât la qualité de travaux d'utilité publique, on doive leur refuser la faveur que la loi accorde à celles-ci.

« D'après ces observations, toutes les fois que les canaux qu'il s'agit d'ouvrir auront les conditions qui distinguent un ouvrage d'utilité publique, ils devront être déclarés tels, afin qu'on puisse leur appliquer les dispositions de la loi sur l'expropriation. Mais si, au contraire, ces canaux ou conduites d'eau ne sortent pas de la classe des ouvrages principalement entrepris dans un intérêt privé, ce sera le cas de leur appliquer les articles 626 et 627 du Code civil. »

Je n'ai pas besoin, je pense, d'ajouter à ces textes aucune observation, et je reviens à ce qui se passe en Allemagne. Dans le royaume de Prusse, lorsque l'utilité est constatée par l'administration, l'expropriation est accordée sur la demande d'un seul propriétaire, tandis qu'en Hesse et dans le Wurtemberg, tous les intéressés sont appelés à délibérer, et la décision n'est prise qu'après un vote. Seulement, dans le Wurtemberg, les votes des intéressés présents sont seuls comptés, tandis que, dans la Hesse, on a adopté ce qui, de temps immémorial, se fait dans le Roussillon, et il a été ordonné que tous les intéressés absents lors du vote seraient considérés comme ayant consenti à l'exécution du projet. La loi wurtembergeoise veut que les suffrages ne soient pas comptés par tête, mais bien d'après la contenance des parcelles appartenant à celui qui vote, et aussi que la répartition des frais ne se fasse pas en raison de l'étendue des terres à arroser, mais en prenant pour base le profit que l'on peut retirer de l'irrigation.

Le grand-duc de Hesse présenta aux Chambres, en 1830, un projet sur la matière qui, à une majorité considérable, fut converti en loi dans la même année. Quatorze ans se sont à peine écoulés depuis sa promulgation, et déjà les avantages obtenus sont considérables. Je vais mettre sous les yeux de Votre Excellence une note de M. Kauffmann, juge au tribunal de Saverne et président du comice de cette ville, dans laquelle ce magistrat expose ainsi les avantages immenses que l'agriculture hessoise a obtenus par l'établissement de la nouvelle législation.

« D'après un état officiel, dressé par le secrétaire perpétuel de la société d'agriculture de la province de Starckenbourg, et qui ne comprend que les cantons de prés d'une contenance de plus de 100 hectares, 3,000 hectares, au moins, ont été améliorés par suite de la mise à exécution de la nouvelle loi; la plus-value du fonds est estimée à plus de 4,400,000 francs, et l'augmentation du revenu annuel est évaluée, pour chaque hectare, à 75 francs au moins.

« Le concours des associations agricoles pour faciliter ces améliorations devient, de jour en jour, plus actif. Des primes en argent, et, au besoin, l'avance des frais nécessaires pour étudier si, en recourant aux dispositions de cette loi, des améliorations notables peuvent être obtenues dans quelques cantons de prairies, sont les principaux moyens employés pour lever les obstacles qui s'opposent aux travaux d'irrigation.

« Une autre mesure importante a été la création d'un enseignement spécial pour la pratique des irrigations, et déjà par lui d'excellents effets ont été produits. »

En Prusse, la législation nouvelle est trop récente pour que je puisse en dire les conséquences : je me contenterai d'en placer le texte à la suite de ce rapport : mais il est, dans cette loi, d'excellentes choses; on peut seulement regretter que son application soit subordonnée à de trop nombreuses formalités.

Le projet de loi soumis à l'opinion publique par le gouvernement wurtembergeois, subit, en ce moment, l'épreuve de la discussion des États du royaume. On ne met pas en doute qu'il ne soit admis, dans son entier, et bientôt le Wurtemberg jouira d'une bonne législation.

CHAPITRE IV.

DE LA PÉNALITÉ EN MATIÈRE D'IRRIGATION.

L'importance de l'irrigation devait nécessairement amener les peuples de l'Italie supérieure, à créer une pénalité toute spéciale, et, dans les Constitutions de Milan, dont j'ai dit plus haut toute l'antiquité, se trouvent les prescriptions suivantes :

« Celui qui dérive de l'eau en contravention avec cette Constitution, est passible, par once d'eau et par chaque fois, d'une amende de 10 onces d'or, à moins qu'il n'ait eu en paix, pendant trois ans, la quasi-possession de la prise d'eau [1].

« Celui au profit duquel il est constant que les eaux ont été dérivées, est réputé avoir commis le délit. Auquel cas, le maître est responsable pour tous ceux qui dépendent de lui; sauf le droit réservé audit maître, de prouver le con« traire.

[1] « Extrahens aquam contra formam hujus Constitutionis, inci« dat in pœnam aureorum decem pro qualibet uncia et qualibet vice, « nisi fuerit in quasi possessione pacifica aquam extrahendi, per trien« nium.

« Isque contrafecisse intelligatur, ad cujus commodum comper« tum fuerit aquas decurrere. Eoque casu dominus pro familia tenea« tur; salvo tamen jure domino contrarium probandi.

« Quiconque est trouvé franchissant un canal ou *roggia*, soit du prince, soit du fisc, autrement que par les ponts ou passages accoutumés, est puni, sans autre informé, s'il est à pied, d'une amende de 20 sols pour chaque fois; de 40, s'il est à cheval; d'un écu d'or, s'il y a un char et des bœufs; et si des animaux passent, sans être conduits, leur propriétaire paye 10 sols pour chacun.

« Quiconque a détruit les levées ou digues de ces canaux, ou encore un conduit, un fossé ou une écluse, fait ou fait faire un dommage, de quelque nature qu'il soit, encourra, par ce seul fait, une amende de 10 écus d'or par chaque fois et pour chaque délit; il est tenu, en outre, de refaire ce qu'il a innové, et de rétablir, à ses frais, les choses en leur état primitif.

« Quicunque repertus fuerit transire aquæductum, sive rugiam principis, seu fisci, alibi quam per pontes et loca consueta, ipso jure, et facto puniatur, si pedes fuerit, in solidis viginti pro qualibet vice, si eques, in quadraginta, si cum plaustro, et bobus, in aureo uno; si fuerint animalia de per se, in solidis decem pro quolibet.

« Qui vero ripam, vel aggeres eorum aquæductuum, vel canale dejecerint, aut fregerint, vel cavum, aut clausam, vel aliud impedimentum fecerint, vel fieri mandaverint; ipse jure, et facto incurrant pœnam aureorum decem pro quolibet, et qualibet vice, innovataque reficere, et in pristinum restituere propriis expensis teneantur.

« Les propriétaires et les fermiers, qu'ils les aient ou non ordonnés, sont responsables pour leurs serviteurs, leurs métayers et leurs colons, et tous autres, qui ont commis les délits susmentionnés [1].

« L'amende est partagée en trois parts, dont une pour le camparo (*camparius*) ou l'accusateur et les deux autres pour le fisc.

« A l'égard de ceux qui ont passé à pied, l'accusateur est cru sur son serment ; à l'égard des autres, il doit prêter serment et fournir un témoignage digne de foi, sauf le droit réservé à l'accusé de prouver le contraire.

« Si les délinquants sont insolvables, ils sont punis de peines corporelles, déterminées par les questeurs extraordinaires.

« Mais ceux qui ont commis ailleurs des dom-

[1] « Domini proprietatum, et conductores, pro famulis, partiariis, « colonis, vel inquilinis, et aliis, qui prædicta fecerint, teneantur, ac « si mandassent.

« Pœna in tres partes dividatur campario, seu accusatori una, reli- « quæ fisco cedant.

« Campario, seu accusatori, cum juramento pro iis, qui pedibus « transeunt, credatur. Pro aliis vero, cum juramento, et uno teste fide « digno. Salvo tamen iis jure contrarium probandi.

« Contrafacientes, si inhabiles fuerint ad solvendum pœnam, pu- « niantur aliqua pœna corporali, arbitrio quæstorum extraordinario- « rum imponenda.

« Dantes vero alibi damnum in agris, et bonis fisci, in duplum

mages, sur les champs et les biens du fisc, payent une amende double de celle qui est établie par les autorités et statuts locaux, et l'on s'en rapporte, à cet égard, aux camparos et aux accusateurs après serment. »

Ces prescriptions, ainsi qu'il est indiqué dans le texte, ont été confirmées, en quelques points, par la loi actuelle autrichienne, et le législateur sarde, après les avoir modifiées et complétées, leur a donné place dans son Code pénal. J'ajouterai que le projet de loi Wurtembergeoise contient aussi des prescriptions pénales. Votre Excellence voudra bien se reporter au texte lui-même, qui n'a nullement besoin d'explication.

La loi pénale sarde a déjà produit d'excellents effets, et cependant elle est toute récente. En France, particulièrement dans le Midi, l'agriculture souffre excessivement du manque d'une pénalité efficace appliquée au vol de l'eau.

« puniantur ejus, quod per ordines, et statuta locorum, cautum est,
« credaturque campariis, et accusatoribus cum juramento. »

CHAPITRE V.

CONCLUSION.

Je n'ai voulu traiter, dans ce rapide examen, que les points principaux des législations étrangères; les détails n'ont nul besoin d'observation ni de développement; leur lecture suffira pour les faire comprendre, et je renvoie pour cela aux textes qui suivent.

Les législations italiennes diffèrent particulièrement de celles de l'Allemagne, par une simplicité remarquable d'exécution, et par une très-grande liberté d'action. Je regarde donc les premières comme essentiellement préférables.

Dans la contrée, si riche aujourd'hui, qu'arrose le Pô, la loi a été, ainsi que je l'ai déjà dit, la conséquence des habitudes agricoles; elle y est venue presque toujours sanctionner des pratiques déjà adoptées. Ailleurs, on a marché prenant, pour point de départ et pour exemple, ce qui était dans d'autres régions, et voulant amener le progrès par la loi; tandis qu'en Lombardie et en Piémont la loi est née du progrès lui-même. Cependant, je ne veux pas amoindrir l'utilité ni l'importance des efforts que fait l'Allemagne pour accroître et améliorer ses produits : cette utilité et cette importance sont grandes; elles sont incontestables. Mais je veux dire seulement qu'en Italie se trouve l'expérience ancienne et certaine, et qu'en Allemagne on en est encore au début, aux espérances, très-fondées, je le crois fermement, mais enfin, aux espérances, et à l'amélioration par la loi. Je le répète, nous devons donc emprunter la plus grande partie de notre législation à l'excellent Code Albertin.

Si j'avais pu parler de notre pays, dans ce qui doit être uniquement la relation de ce que j'ai vu et appris, en remplissant la mission que Votre Excellence m'avait confiée, j'aurais dit que les bonnes règles, en matière d'irrigation, ne nous avaient pas toujours été étrangères. Les contrées irriguées sont communes en France, et, par conséquent, les nécessités de la culture arrosée y avaient fait naître des coutumes ayant acquis, sur quelques points, force de loi, ou que la loi locale elle-même y avait sanctionnées.

En effet, au pied des Pyrénées, dans les Vosges, vers le littoral de la Méditerranée, au milieu des Alpes et encore ailleurs, nous avons de magnifiques irrigations, qui seraient aussi belles qu'il en soit au monde, si la Lombardie et quelques parties de la monarchie Sarde n'existaient pas. Aussi, presque tout ce qui est dans les législations italiennes se retrouve dans les vieilles coutumes de quelques-unes de nos provinces, dans quelques fragments d'antiques législations locales. Mais, presque sur tous les points, ces règles spéciales, si utiles et même si nécessaires à notre agriculture, ont été détruites par notre Code nouveau et uniforme. Il faut donc les rétablir et les compléter; il faut surtout que la France entière doive, à son excellent système de centralisation, le bienfait d'une législation qui, avant notre époque, ne faisait de bien que sur quelques points rares et isolés du royaume.

Que Votre Excellence me permette donc, en finissant, d'appeler son attention sur la nécessité de réglementer complétement et promptement la matière des eaux, en ce qui concerne l'agriculture.

Pour arriver à ce résultat, ce qu'il y aurait, je crois, de mieux à faire, serait de se rapprocher, autant qu'il serait possible ou nécessaire, de la législation sarde, l'expression la plus avancée, la plus complète et la mieux codifiée de la jurisprudence de la haute Italie. On pourrait aussi consulter avec fruit nos anciennes coutumes locales, et ajouter peut-être, à ces matériaux divers, quelques-unes des prescriptions des lois allemandes.

La proposition de M. le comte d'Angeville, amendée par la commission de la Chambre des Députés, et adoptée par Votre Excellence, est un premier pas vers un meilleur état de choses. Par sa conversion en loi, un des deux points les plus importants, celui du passage forcé de l'eau sur le fonds d'autrui, sera réglé, non complétement, mais au moins son principe aura place et rang dans notre législation. Le reste s'y inscrira tôt ou tard, et la production la plus importante de toutes, celle des fourrages, en recevra particulièrement un très-grand, très-utile et très-nécessaire développement.

Les agronomes et les légistes éminents de la haute Italie, qui m'ont accueilli avec tant de bienveillance et m'ont prêté un si puissant concours, voient, dans les modifications législatives tentées en France à cet égard, une énergique cause de progrès pour l'agriculture de notre pays. Ils suivent, avec une attention remarquable, ce qui se fait, chez nous, à ce sujet, et la proposition de M. d'Angeville, aussi bien que le rapport lumineux de l'honorable M. Dalloz, est connue partout en Lombardie et en Piémont.

J'achève enfin, Monsieur le Ministre, ce très-long rapport, narration fort incomplète et sans doute insuffisante de tout ce que j'ai dû étudier pour arriver à la connaissance de ce que vous m'aviez ordonné de voir, d'apprendre et d'apprécier. J'aurais pu rendre particulièrement cette législation plus complète, car, il y a très-peu de jours, deux bills anglais m'étaient remis. Votés en 1843, ils règlent pour l'Angleterre et le pays de Galles toute ou presque toute la matière des eaux, particulièrement de l'irrigation. Ils auraient pour nous une fort grande importance, mais le temps m'a manqué, et je n'ai pu les joindre à ce travail : j'en éprouve un vif regret.

Dans cette partie toute législative, je me suis renfermé dans les limites les plus restreintes, ne traitant que les points capitaux, et ne mentionnant que les principes. Les textes traduits, qui suivent immédiatement, feront connaître les détails.

Je suis avec respect, Monsieur le Ministre, de Votre Excellence, le très-humble et obéissant serviteur.

L'Inspecteur de l'agriculture,

J[h] DE MAUNY DE MORNAY.

Paris, le 14 mai 1844.

ÉTATS

DE

SA MAJESTÉ LE ROI DE SARDAIGNE.

ÉTATS SARDES.

EXTRAITS

DU CODE CIVIL SARDE[1]

(PROMULGUÉ EN 1837).

LIVRE II.

DES BIENS ET DES DIFFÉRENTES MODIFICATIONS DE LA PROPRIÉTÉ.

TITRE Ier.

DE LA DISTINCTION DES BIENS.

. . . .

. . . .

CHAPITRE Ier.

DES BIENS IMMEUBLES.

. . . .

. . . .

403. Les sources, les réservoirs et les cours d'eau sont considérés comme immeubles[2]. 523. Code civil français.

[1] Édition officielle, version française.

[2] On a indiqué, en marge, les articles empruntés en tout ou en partie à notre Code civil, distinguant par des caractères italiques ce qui, dans ces divers articles, appartient exclusivement pour le fond à notre législation.

Il en est de même des conduits servant à faire arriver des eaux dans un bâtiment ou autre héritage : ces conduits sont réputés faire partie du fonds à l'usage duquel les eaux sont destinées.

. . . .

. . . .

526. Code civil français. 406. *Sont immeubles par l'objet auquel ils s'appliquent :*

L'usufruit des choses immobilières;

Les servitudes ou services fonciers.

. . . .

. . . .

CHAPITRE III.

DES BIENS, DANS LEUR RAPPORT AVEC CEUX QUI LES POSSÈDENT.

. . . .

. . . .

538. Code civil français. 420. *Les routes et les chemins publics, autres que ceux des communes,* les fleuves, rivières et torrents, *les rivages, lais et relais de la mer; les ports, les havres, les rades, et généralement toutes les portions du territoire de l'État qui ne sont pas susceptibles d'une propriété privée, sont considérés comme des dépendances du domaine royal.*

. . . .

. . . .

431. Les articles 425, 429 et 430[1] ne sont pas ap-

[1] J'ai placé ici, en note, les articles cités, parce qu'ils ne se rat-

plicables aux biens adjugés aux administrations royales, ou par elle reçus en payement, soit des impositions, soit de toute autre créance; à ceux qui, n'étant pas destinés à faire partie du domaine royal, seraient parvenus de toute autre manière aux finances royales; aux biens vacants ou provenant de successions sans héritiers ou abandonnées, tant que ces biens n'auront pas

tachent que fort indirectement au sujet qui fait l'objet de ce rapport. Cependant il m'a paru nécessaire d'en faire mention.

« 425. Par une loi fondamentale de la couronne, les biens et droits régaliens et domaniaux sont inaliénables : toute concession ou aliénation de ces biens et droits, à quelque titre qu'elle soit faite, onéreux ou gratuit, sera nulle de plein droit, nonobstant toutes les dérogations qui y seraient insérées. »

. . . .

« 429. Les aliénations et concessions dont il est parlé dans les articles précédents devront être présentées à la chambre des comptes dans le terme de trois mois, à dater des lettres patentes, pour y être entérinées : à défaut elles seront nulles.

« 430. La chambre des comptes devra, après avoir ouï le procureur général, reconnaître si l'aliénation a eu lieu pour cause d'urgente nécessité ou d'utilité évidente, si le prix en est juste et correspond à la valeur de la chose aliénée, et si le payement a eu lieu suivant le mode établi. Lorsque les termes fixés pour le payement ne seront pas encore expirés, la chambre prendra les mesures convenables pour qu'il soit effectué à l'échéance de chaque terme, de la manière ci-dessus prescrite.

« Si la chambre reconnaît que le patrimoine royal a été lésé, ou a souffert quelque préjudice par le défaut de quelques-unes des conditions ci-dessus exprimées, ou par toute autre cause, non-seulement elle refusera l'entérinement, mais, pour mieux assurer les dispositions de la présente loi, elle devra encore faire ses remontrances au Roi, et y insister au besoin. »

été incorporés expressément ou tacitement au domaine; enfin, aux concessions pour dérivation d'eaux domaniales, ou aux échanges qui seraient faits de ces eaux.

L'aliénation ou concession des biens désignés dans le présent article est soumise à des règles particulières : cette aliénation ou concession devra toutefois, sous peine de nullité, être approuvée par la chambre des comptes, après avoir ouï le procureur général. La chambre veillera à ce qu'on n'obtienne rien qui soit préjudiciable à la couronne ou aux tiers.

. . . .

. . . .

TITRE II.

DE LA PROPRIÉTÉ.

. . . .

. . . .

545. Code civil français. 441. *Nul ne peut être contraint de céder sa propriété* ou l'usage de la chose qui lui appartient, *si ce n'est pour cause d'utilité publique, et moyennant une juste et préalable indemnité.*

Les travaux d'utilité publique sont déterminés, et les propriétés dont l'occupation est nécessaire pour l'exécution de ces travaux sont désignées par une disposition émanée du Roi.

Des lois et des règlements particuliers prescrivent les règles à observer en ce cas.

442. Quand les parties n'auront pu s'accorder, devant l'autorité administrative, sur le montant de l'indemnité, la contestation sera portée devant les tribunaux.

. . . .

. . . .

TITRE IV.

DES SERVITUDES FONCIÈRES.

. . . .

. . . .

548. *Une servitude est une charge imposée sur un héritage, pour l'usage et l'utilité d'un héritage appartenant à un autre propriétaire.* 637. Code civil français.

549. L'héritage sur lequel est imposée la servitude s'appelle fonds servant; celui à l'avantage duquel elle est établie, fonds dominant. *Ces qualifications n'établissent aucune prééminence d'un héritage sur l'autre.* 638. Code civil français.

550. *Les servitudes dérivent ou de la situation naturelle des lieux, ou des obligations imposées par la loi, ou des conventions entre les propriétaires.* 639. Code civil français.

CHAPITRE Ier.

DES SERVITUDES QUI DÉRIVENT DE LA SITUATION DES LIEUX.

551. *Les fonds inférieurs sont assujettis, envers ceux qui sont plus élevés, à recevoir les eaux qui en décou-* 640. Code civil français.

lent naturellement sans que la main de l'homme y ait contribué.

Le propriétaire inférieur ne peut point élever de digue qui empêche cet écoulement.

Le propriétaire supérieur ne peut rien faire qui aggrave la servitude du fonds inférieur.

552. Lorsque, dans un fonds, les rives ou les digues servant à contenir les eaux sont détruites ou abattues, ou que les variations que subit le cours de l'eau nécessitent la construction de quelques ouvrages défensifs, si le propriétaire du fonds ne répare pas ou ne rétablit pas les rives ou les digues, ou s'il ne fait pas les constructions nécessaires, ceux qui en éprouveront du dommage, ou qui seront en danger imminent d'en éprouver, pourront faire exécuter ces travaux à leurs frais : ils ne pourront cependant user de cette faculté qu'autant que le propriétaire sur le fonds duquel on doit faire les travaux n'en souffrira aucun préjudice : ils devront, en outre, obtenir l'autorisation préalable du juge compétent, ouïs les intéressés, et se conformer, dans tous les cas, aux règlements particuliers sur les eaux.

553. Il en sera de même s'il est nécessaire de déblayer les matières dont l'accumulation ou la chute aurait encombré un fonds ou un cours d'eau de propriété privée, de manière que l'héritage d'autrui en éprouvât ou fût menacé d'en éprouver du dommage.

554. Tous les propriétaires qui, dans les cas res-

pectivement prévus par les deux articles précédents, ont intérêt à maintenir les rives et digues, ou à faire cesser l'encombrement, pourront être appelés à concourir à la dépense, et y être tenus en proportion de l'avantage que chacun d'eux en retire. Dans tous les cas, ils seront admis à recourir, pour les dommages et les frais, contre celui qui aurait donné lieu à la destruction des digues et aux encombrements susdits.

555. *Celui qui a une source dans son fonds, peut en user à sa volonté, sauf le droit que le propriétaire du fonds inférieur pourrait avoir acquis par titre ou par prescription.* 641. Code civil français.

556. *La prescription, dans ce cas, ne peut s'acquérir que par une jouissance non interrompue pendant l'espace de trente années, à compter du moment où le propriétaire du fonds inférieur a fait et terminé, sur le fonds supérieur, des ouvrages apparents, destinés* et ayant servi *à faciliter la chute et le cours de l'eau dans sa propriété.* 642. Code civil français.

557. *Le propriétaire de la source ne peut en changer le cours, lorsqu'elle fournit aux habitants d'une commune, village ou hameau, l'eau qui leur est nécessaire : mais si les habitants n'en ont pas acquis ou prescrit l'usage, le propriétaire peut réclamer un indemnité, laquelle est réglée* par le tribunal sur un rapport d'experts. 643. Code civil français.

558. *Celui dont la propriété borde une eau qui,* sans travaux de main d'homme, a un cours naturel, *et qui n'est point déclarée dépendance du domaine royal par l'article 420, peut s'en servir, à son passage, pour l'irrigation de ses propriétés.* 644. Code civil français.

Celui dont cette eau traverse l'héritage, peut même en user dans l'intervalle qu'elle y parcourt, mais à la charge de la rendre, à la sortie de ses fonds, à son cours ordinaire.

645. Code civil français.

559. *S'il s'élève une contestation entre les propriétaires auxquels ces eaux peuvent être utiles, les tribunaux, en prononçant, doivent concilier l'intérêt de l'agriculture avec le respect dû à la propriété; et, dans tous les cas, les règlements particuliers et locaux sur le cours et l'usage des eaux doivent être observés.*

560. Tout propriétaire ou possesseur d'eau peut en user à sa volonté, et même en disposer en faveur d'autres personnes, s'il n'y a titre ou prescription contraire; mais, après s'en être servi, il ne peut détourner les eaux de manière à en occasionner la perte, au préjudice des autres fonds qui seraient à même d'en profiter, sans donner lieu à aucun regorgement, ni causer d'autres dommages aux usagers supérieurs. Celui qui voudra tirer avantage de ces eaux en devra payer la valeur, soit qu'il s'agisse d'une source existante dans le fonds supérieur, ou de toute autre eau qui y aurait été introduite en suite d'une concession[1].

[1] Dans les pays où l'irrigation est estimée à toute sa valeur, l'excédant d'eau, que le sol de l'irriguant n'a pu absorber, est un objet de convoitise pour les propriétaires des fonds inférieurs, qui s'en servent avec grand profit, lorsque l'eau n'a pas perdu, en passant sur une grande surface non fumée, tous ses principes fertilisants. Encore, dans ce cas, un parcours plus ou moins long dans les canaux et sans qu'elle soit employée, rend à l'eau tout ou partie de ses propriétés utiles. Aussi la loi milanaise, et mieux encore l'excellente loi sarde

. . . .

. . . .

CHAPITRE II.

DES SERVITUDES ÉTABLIES PAR LA LOI.

564. *Les servitudes établies par la loi ont pour objet l'utilité publique ou l'utilité des particuliers.* 649. Code civil français.

. . . .

566. *La loi assujettit les propriétaires à différentes obligations l'un à l'égard de l'autre, indépendamment de toute convention.* 651. Code civil français.

567. *Partie de ces obligations est réglée par les lois sur la police rurale,* et par les bans et autres règlements champêtres. 652. Code civil français.

Les autres sont relatives aux murs et aux fossés mitoyens, au cas où il y a lieu à contre-mur, aux vues sur la propriété du voisin, à l'égout des toits, aux droits de passage et d'aqueduc [1].

a-t-elle statué que le fonds inférieur payerait, au lieu d'être indemnisé, toutes les fois que les eaux jetées sur lui pourraient l'arroser avec avantage.

[1] *Aqueduc* veut dire ici tout canal destiné à recevoir et à porter des eaux. Ainsi ce mot indique aussi bien un canal creusé dans le sol, que celui construit en maçonnerie, élevé ou enterré. Aqueduc est la traduction littérale de l'*aquæductus* des Romains et de l'*acquedotto* des Italiens. En législation et en jurisprudence, on ne lui adjoint pas toujours le mot droit, et cependant alors il faut l'entendre comme s'il était écrit, droit d'aqueduc ou de passage forcé de l'eau sur le fonds d'autrui.

. . . .

. . . .

SECTION 2.

De la distance et des ouvrages intermédiaires requis pour certaines constructions, excavations et plantations.

. . . .

. . . .

599. Celui qui creusera des fossés ou canaux dans sa propriété, devra laisser, entre eux et le fonds voisin, une distance au moins égale à leur profondeur, à moins que les règlements locaux ne prescrivent une plus grande distance.

600. Cette distance se mesure depuis le bord supérieur des fossés ou canaux, le plus rapproché du fonds voisin. Le bord intérieur du côté du même fonds aura un talus dont la base sera égale à la hauteur; à défaut, ce bord sera protégé par des ouvrages de soutenement.

Lorsque la limite de la propriété du voisin se trouve dans un fossé mitoyen, ou dans un chemin privé, également mitoyen ou soumis à une servitude de passage, la distance prescrite devra se mesurer du bord supérieur ci-dessus indiqué, à celui des bords, soit du fossé mitoyen, soit du chemin, qui sera le plus rapproché du fonds appartenant à celui qui veut creuser le fossé, ou le canal : on observera, en outre, ce qui a été dit ci-dessus relativement au talus du fossé ou canal.

601. Si l'on veut creuser un fossé ou canal près d'un mur mitoyen, il ne sera point nécessaire d'observer la distance ci-devant prescrite; mais on devra faire tous les ouvrages intermédiaires propres à garantir le mur mitoyen de tout dommage.

602. Celui qui voudra ouvrir une source, établir des réservoirs pour la réunion de *surgeons d'eau* ou conduits de fontaines[1], des canaux ou des aqueducs, en creuser le lit, lui donner plus de largeur ou de profondeur, en augmenter ou diminuer la pente, ou en varier la forme, devra, indépendamment des distances prescrites ci-dessus, laisser telle autre distance convenable, et exécuter tous les travaux nécessaires pour ne préjudicier ni aux fonds voisins, ni aux autres sources, réservoirs ou conduits de fontaines, canaux ou aqueducs déjà existants, et destinés à l'irrigation des biens ou à faire mouvoir des usines.

S'il s'élève des contestations entre les deux propriétaires, les tribunaux, en prononçant, devront s'attacher à concilier les intérêts respectifs de la manière la plus conforme à l'équité et à la justice, sans perdre de vue le respect dû au droit de propriété, l'avantage de l'a-

[1] *Capi od aste di fonte.* Il existe dans la haute Italie, et particulièrement en Lombardie, de nombreuses sources, dites *fontanile*, ouvertes par la main de l'homme, et d'une importance très-grande. En effet, leurs eaux étant, durant toutes les saisons, à la même température, sont relativement chaudes pendant les froids, et servent alors à la production de l'herbe d'hiver, sur les prés marcites. (Voir la première partie, Pratique des irrigations.)

griculture et l'usage auquel l'eau a été ou doit être destinée : à cet effet, ils fixeront même au besoin l'indemnité qui, d'après les règles de la justice et de l'équité, peut être accordée à l'une des parties.

. . . .

. . . .

SECTION 5.

Du droit de passage et d'aqueduc[1].

. . . .

. . . .

622. Toute commune, tout corps, tous particuliers, sont tenus de donner passage sur leurs fonds aux eaux que veulent conduire ceux qui ont le droit de les dériver des fleuves, rivières, fontaines ou d'autres eaux, pour l'irrigation des terres ou pour l'usage de quelque usine. Les maisons, ainsi que les cours, aires et jardins qui en dépendent, sont cependant exceptées de la disposition du présent article.

623. Celui qui demande un passage pour les eaux est tenu de faire construire le canal nécessaire à cet effet, sans pouvoir prétendre de les faire passer dans les canaux déjà établis pour le cours d'autres eaux. Cependant, celui qui, ayant un canal sur son fonds, est en même temps propriétaire des eaux qui y coulent,

[1] Voir page 11, note 1.

peut, en offrant de donner passage aux eaux par ce canal, empêcher qu'on n'en établisse un autre sur sa propriété, pourvu qu'en usant de cette faculté il ne cause pas un préjudice notable à celui qui demande le passage.

624. On devra également permettre le passage des eaux à travers les canaux et aqueducs, de la manière la plus convenable et la mieux adaptée aux localités et à l'état de ces canaux et aqueducs, pourvu que le cours de leurs eaux ne soit ni gêné, ni retardé, ni accéléré, et qu'il n'en résulte aucun changement dans le volume de ces mêmes eaux.

625. Lorsque, pour la conduite des eaux, on sera obligé de traverser des chemins publics ou communaux, ou des fleuves, rivières ou torrents, on devra se conformer aux lois et aux règlements spéciaux sur les eaux et chemins.

626. Celui qui veut faire passer des eaux sur le fonds d'autrui doit justifier que l'eau dont il peut disposer suffit à l'usage auquel elle est destinée, et que le passage qu'il demande est, eu égard à l'état des fonds voisins, à la pente et aux autres conditions requises pour la conduite, le cours et la décharge des eaux, le plus convenable et celui qui causera le moins de dommages aux biens.

627. Celui qui veut conduire des eaux sur l'héritage d'autrui doit, avant d'entreprendre la construction d'un aqueduc, payer la valeur du sol à occuper,

suivant l'estimation qui en aura été faite, sans déduction des impositions et des autres charges qui seraient inhérentes au fonds, et avec l'augmentation du cinquième en sus. Il sera, en outre, tenu des dommages immédiats, dans lesquels on comprendra ceux résultant de la séparation en deux ou plusieurs parties du fonds à traverser, ou de toute autre détérioration.

Si la demande pour le passage des eaux est limitée à un temps qui n'excède pas neuf ans [1], l'obligation de payer la valeur du sol occupé par le canal, avec le cinquième en sus et les dommages résultant du morcellement et de la détérioration du fonds, sera réduite à la moitié de ce qui serait dû, s'il n'y avait pas limitation de temps; mais à la charge de rétablir, à l'expiration du terme, les choses dans leur premier état. Dans le cas où celui qui a demandé le passage temporaire des eaux veut ensuite le rendre perpétuel, il ne pourra imputer les sommes payées pour la moitié de la valeur du sol et des dommages causés par le morcellement et la détérioration du fonds.

628. Celui qui voudra profiter de l'offre que le propriétaire du fonds aurait faite, en conformité de l'article 623, de donner passage aux eaux au moyen du canal qui lui appartient, sera pareillement tenu de

[1] La durée des baux, dans les États Sardes, étant ordinairement de neuf années, on a voulu rendre, par cette clause, et sans que le propriétaire intervînt dans la dépense, l'irrigation possible au fermier, s'il la jugeait utile à ses intérêts.

payer, en proportion du volume d'eau qu'il y introduira, la valeur du sol occupé par ce canal. Il devra, en outre, rembourser, dans la même proportion, les dépenses faites pour l'établissement du canal, sans préjudice de l'indemnité due pour toute plus ample occupation de terrain, et pour les autres dépenses que le passage des eaux aurait rendues nécessaires.

629. Lorsque celui qui a établi un aqueduc sur la propriété d'autrui veut s'en servir pour y introduire une plus grande quantité d'eau, il ne pourra l'y faire venir qu'après qu'il aura été vérifié que l'aqueduc peut la contenir, et qu'on aura reconnu qu'il n'en peut résulter aucun préjudice pour le fonds servant. Si l'introduction d'une plus grande quantité d'eau exige la construction de nouveaux ouvrages, cette construction ne pourra avoir lieu que lorsqu'on aura préalablement déterminé la nature et la qualité de ces ouvrages, et qu'on aura payé la somme due pour le sol à occuper et pour les dommages, conformément à ce qui est prescrit par l'article 627.

630. Les dispositions énoncées dans les articles précédents, concernant le passage des eaux, sont applicables au cas où le possesseur d'un fonds marécageux veut le bonifier ou le dessécher par colmates [1] ou atter-

[1] On appelle *colmate* le dépôt abondant laissé sur le sol par des eaux très-limoneuses : ainsi celles de la Durance ont colmaté, sur plusieurs points, les steppes pierreuses de la Crau (Bouches-du-Rhône), et l'on conquiert en ce moment sur la mer, par un puissant colmatage,

rissements, ou en creusant un ou plusieurs canaux d'écoulement.

Si les personnes qui ont droit aux eaux du marais, ou à celles qui en proviennent ou en sont dérivées, forment opposition au dessèchement, les tribunaux, en prononçant, doivent concilier l'intérêt de la salubrité de l'air avec celui de l'agriculture, et avoir en même temps égard aux droits de l'opposant et à l'usage auquel il emploie ces eaux.

631. Les concessions d'usage d'eau obtenues du domaine royal sont toujours réputées faites sans préjudice des droits antérieurs d'usage qui peuvent être légitimement acquis sur cette même eau.

632. Les usagers, tant supérieurs qu'inférieurs, ayant droit de dériver des eaux des rivières, torrents, ruisseaux, canaux, lacs ou réservoirs, auront toujours soin de ne pas se nuire entre eux par l'effet de la stagnation, du refoulement ou de la déviation de ces mêmes eaux. Ceux qui y auront donné lieu seront tenus des dommages, et encourront les peines portées par les règlements de police rurale.

633. Si les eaux qui coulent au bénéfice des par-

au-dessous de la poudrerie de Saint-Chamas, une surface solide considérable qui sera tout entière le produit des eaux mêlées des canaux de Craponne et de Boisgelin. Nous avons vu opérer, en Savoie, des colmates avec des eaux limpides de torrents dans lesquelles on jetait, lors des crues, les terres dont on dépouillait les parties élevées des montagnes.

ticuliers empêchent les propriétaires voisins de pouvoir se transporter sur leurs fonds, d'en continuer l'arrosement ou d'y faire écouler l'eau, ceux qui tirent avantage des eaux doivent construire et entretenir des ponts, auxquels ils donneront l'accès nécessaire et suffisant pour maintenir des passages commodes et sûrs. Ils doivent aussi construire et entretenir les aqueducs souterrains, les ponts-aqueducs, et faire tous autres ouvrages semblables pour la continuation de l'arrosement ou de l'écoulement, sauf convention ou possession légitime au contraire.

CHAPITRE III.

DES SERVITUDES ÉTABLIES PAR LE FAIT DE L'HOMME.

SECTION Ire.

Des diverses espèces de servitudes qui peuvent être établies sur les biens.

634. *Il est permis aux propriétaires d'établir sur leurs propriétés, ou en faveur de leurs propriétés, telles servitudes que bon leur semble, pourvu qu'elles ne soient en aucune manière contraires à l'ordre public.* 686. Code civil français.

. . . .

636. *L'usage et l'étendue des servitudes mentionnées en l'article 634 se règlent par le titre qui les constitue; à défaut de titre, par les règles ci-après.* 686. Code civil français.

687. Code civil français. 637. *Les servitudes sont établies ou pour l'usage des bâtiments, ou pour celui des fonds de terre.*

. . . .

Celles de la seconde espèce se nomment rurales.

688. Code civil français. 638. *Les servitudes sont continues ou discontinues.*

Les servitudes continues sont celles dont l'usage est ou peut être continuel, sans avoir besoin du fait actuel de l'homme : telles sont les conduites d'eau, les égouts, les vues et autres de cette espèce.

. . . .

689. Code civil français. 639. *Les servitudes sont apparentes ou non apparentes.*

Les servitudes apparentes sont celles qui s'annoncent par des ouvrages extérieurs, tels qu'une porte, une fenêtre, un aqueduc.

. . . .

640. La servitude de prise d'eau au moyen d'un canal ou de tout autre ouvrage extérieur ou permanent, lorsque cette eau sera dérivée dans l'intérêt de l'agriculture, de l'industrie ou pour tout autre usage, est mise au rang des servitudes continues et apparentes.

641. A l'avenir, lorsque la dérivation d'une quantité constante et déterminée d'eau courante aura été convenue, si la forme de l'orifice et de l'édifice de dérivation a aussi été réglée par convention, cette forme devra être observée. Les parties ne seront pas admises à élever des contestations à ce sujet, en alléguant un excédant ou un manque d'eau, à moins que la différence ne soit d'un huitième au moins, et que l'action

n'ait été intentée avant l'échéance de trois ans, à partir de l'époque où la dérivation a été établie, ou que l'excédant ou le manque d'eau ne provienne de changements survenus dans le canal ou dans le cours des eaux qui y sont contenues.

Si l'orifice et l'édifice de dérivation ont été construits sans que la forme en ait été convenue, et s'ils ont été l'objet d'une possession paisible pendant dix années, on n'admettra plus, après ce laps de temps, les parties à réclamer sous prétexte d'un excédant ou d'un manque d'eau, sauf le cas de changements survenus dans le canal ou dans le cours des eaux, comme il est dit ci-dessus.

A défaut de convention sur la forme, ou de possession, cette forme sera déterminée par le tribunal, sur l'avis des experts nommés par les parties, et, à défaut, choisis d'office.

642. Lorsque, dans les concessions d'eau pour un usage déterminé, l'on n'a pas exprimé la quantité concédée, on est censé avoir accordé celle qui est nécessaire pour l'usage formant l'objet de la concession. Il sera toujours permis aux intéressés de fixer la forme de la dérivation, et d'y faire placer des limites au moyen desquelles le concessionnaire puisse jouir de l'eau qui lui est nécessaire, sans excéder son droit d'usage.

Lorsque, cependant, les parties seront convenues de donner une forme limitative à l'orifice et à l'édifice de dérivation, ou qu'à défaut de convention on aura été en possession paisible de dériver l'eau suivant une forme limitative, comme ci-dessus, on n'admettra plus aucune réclamation, si ce n'est dans les cas et dans les délais établis par l'article précédent.

643. En ce qui concerne les nouvelles concessions où une quantité constante d'eau courante aura été convenue et déterminée, autrement dites concessions à *orifice réglé*[1], cette quantité devra toujours être indiquée dans les actes publics par relation au module d'eau[2].

[1] *A bocca tassata.*

[2] Afin de rendre parfaitement intelligible ce que le législateur sarde a entendu par orifice réglé (*bocca tassata*) et par module d'eau, je donne ici deux figures représentant cet orifice sous deux aspects diffé-

rents. Le n° 1 est une coupe perpendiculaire ou profil, passant par l'axe même de l'orifice ou dans le sens de la longueur du canal; l'autre est une coupe perpendiculaire aussi, mais prise en travers du canal, à peu de distance en arrière de la paroi dans laquelle est percé l'orifice. Les même lettres indiquent les même choses dans l'une et l'autre figure : A orifice par où l'eau s'échappe (*bocca*, *luce*); B mince

Le module est cette quantité d'eau qui, ayant une libre chute à sa sortie, s'écoule, par l'effet de sa seule pression, à travers un orifice de forme quadrilatère rectangulaire. Cet orifice, établi de manière à ce que deux de ses côtés soient verticaux, doit avoir deux décimètres de largeur et autant de hauteur; il est pratiqué dans une mince paroi servant d'appui à l'eau qui, toujours libre à sa surface supérieure, est maintenue contre cette même paroi à la hauteur de quatre décimètres au-dessus du côté inférieur de l'orifice.

644. Le droit à une prise continuelle d'eau subsiste à chaque instant.

645. Ce droit subsiste, pour les eaux d'été, dès l'équinoxe du printemps jusqu'à celui d'automne; pour les eaux d'hiver, dès l'équinoxe d'automne jusqu'à celui du printemps [1]; et, quant aux eaux dont la distribution est réglée par heures, par jours, par semaines, par mois ou de toute autre manière, il subsiste pour tout le temps convenu ou indiqué par la possession.

Les distributions d'eau qui se font par jours ou par nuits s'entendent du jour et de la nuit naturels.

paroi; C battant (*battente*), hauteur de deux décimètres d'eau, toujours maintenue, sans variation, au-dessus du côté supérieur de l'orifice.

[1] Les eaux d'été servent à l'irrigation des prairies ordinaires, des prairies artificielles, des terres arables et des rizières; les eaux d'hiver sont employées uniquement sur les prés dits *marcites*, prés qui fournissent une ou deux coupes abondantes d'herbe pendant l'hiver, toutes les fois que le thermomètre ne descend pas au-dessous de 10°.

L'usage des eaux, dans les jours de fêtes, est réglé par les fêtes qui étaient de précepte au temps de la convention, ou au temps où l'on a commencé à posséder.

646. Dans les distributions où chaque usager vient à son tour, le temps que l'eau met à parvenir jusqu'à l'ouverture de la dérivation de l'usager qui à droit de la prendre, court pour son compte, et la queue de l'eau[1] appartient à l'usager dont le tour cesse.

647. L'eau qui sourd ou qui s'échappe, et qui est contenue dans le lit d'un canal soumis aux distributions mentionnées en l'article précédent, ne peut être arrêtée ni dérivée par un usager, que lorsque son tour est arrivé.

SECTION 2.

Comment s'établissent les servitudes.

690. Code civil français. 648. *Les servitudes continues et apparentes s'acquièrent par titre ou par la possession de trente ans.*

. . . .

692. Code civil français. 650. *La destination du père de famille vaut titre à l'égard des servitudes continues et apparentes.*

693. Code civil français. 651. *Il n'y a destination du père de famille que lorsqu'il est établi,* par tout genre de preuves, *que les deux fonds actuellement divisés ont appartenu au même propriétaire, et que c'est par lui que les choses ont été mises dans l'état duquel résulte la servitude.*

694. Code civil français. 652. Si l'un de ces fonds vient à être aliéné *sans*

[1] *Coda dell' aqua.*

que le contrat contienne aucune convention relative à la servitude, elle continue d'exister activement ou passivement en faveur du fonds aliéné, ou sur le fonds aliéné.

. . . .

654. *Quand on établit une servitude, on est censé accorder tout ce qui est nécessaire pour en user.* 696. Code civil français.

Ainsi la servitude de puiser de l'eau à la fontaine d'autrui emporte nécessairement le droit de passage.

655. Le propriétaire peut, sans le consentement de l'usufruitier, établir sur le fonds toutes les servitudes qui ne préjudicient pas à l'usufruit : il peut, avec l'agrément de l'usufruitier, y établir même les servitudes qui porteraient atteinte à l'usufruit.

656. La servitude concédée par un des copropriétaires d'un fonds indivis n'est réputée établie et n'affecte réellement le fonds que lorsque les autres copropriétaires l'ont également concédée, ensemble ou séparément.

Les concessions faites, à quelque titre que ce soit, par quelques-uns des copropriétaires sont toujours en suspens, tant que les autres n'y ont pas tous accédé.

Cependant, lorsqu'une concession a été faite par un des copropriétaires, sans le concours des autres, non-seulement le copropriétaire de qui émane la concession, mais encore ses successeurs, même à titre particulier, ainsi que ses ayants cause, ne pourront rien faire qui apporte obstacle à l'exercice du droit concédé.

SECTION 3.

Des droits du propriétaire du fonds auquel la servitude est due.

697. Code civil français. 657. *Celui auquel est due une servitude a droit de faire tous les ouvrages nécessaires pour en user et pour la conserver.*

Mais il doit déterminer le temps et le mode des ouvrages, de manière à ce que le fonds assujetti n'éprouve que la charge inévitable en pareil cas.

698. Code civil français. 658. *Ces ouvrages sont à ses frais, et non à ceux du propriétaire du fonds assujetti, à moins que le titre d'établissement de la servitude ne dise le contraire.*

Cependant, lorsque le propriétaire du fonds dominant et le propriétaire du fonds servant jouiront l'un et l'autre de la partie de la chose sur laquelle s'exerce la servitude, les ouvrages seront exécutés à frais communs, et en proportion de l'avantage que chacun d'eux en retire, à moins qu'il n'y ait titre contraire.

699. Code civil français. 659. *Dans le cas même où le propriétaire du fonds assujetti est chargé par le titre de faire à ses frais les ouvrages nécessaires pour l'usage ou la conservation de la servitude, il peut toujours s'affranchir de la charge, en abandonnant le fonds assujetti au propriétaire du fonds auquel la servitude est due.*

700. Code civil français. 660. *Si l'héritage pour lequel la servitude a été établie vient à être divisé, la servitude reste due pour chaque portion, sans néanmoins que la condition du fonds assujetti*

soit aggravée. Ainsi, par exemple, s'il s'agit d'un droit de passage, tous les copropriétaires seront obligés de l'exercer par le même endroit.

661. *Le propriétaire du fonds débiteur de la servitude ne peut rien faire qui tende à en diminuer l'usage ou à le rendre plus incommode.* 701. Code civil français.

Ainsi, il ne peut changer l'état des lieux, ni transporter l'exercice de la servitude dans un endroit différent de celui où elle a été primitivement assignée.

Mais cependant, si cette assignation primitive était devenue plus onéreuse au propriétaire du fonds assujetti, ou si elle l'empêchait d'y faire des travaux ou des réparations avantageuses, il pourrait offrir au propriétaire de l'autre fonds un endroit aussi commode pour l'exercice de ses droits, et celui-ci ne pourrait pas le refuser.

662. *De son côté, celui qui a un droit de servitude ne peut en user que suivant son titre, sans pouvoir faire, ni dans le fonds qui doit la servitude, ni dans le fonds à qui elle est due, de changement qui aggrave la condition du premier.* 702. Code civil français.

663. Le droit de conduire de l'eau n'attribue à celui qui l'exerce ni la propriété du terrain latéral, ni celle du terrain existant au-dessous de la source ou du canal de dérivation; les contributions foncières et les autres charges inhérentes au fonds sont supportées par le propriétaire de ce terrain.

664. A défaut de conventions particulières, le propriétaire de l'eau, ou toute autre personne qui en fait la concession, est tenu envers les concessionnaires de

faire tous les ouvrages ordinaires et extraordinaires pour la dérivation, la conduite et la conservation des eaux, jusqu'au point où les usagers ont le droit de les prendre : il est ainsi tenu de maintenir en bon état les ouvrages d'art, ainsi que le lit et les rives des fontaines et canaux, de faire les curages ordinaires, et de veiller, avec toute l'attention et toute la diligence nécessaires, à ce que la dérivation et la conduite de l'eau s'opèrent régulièrement et aux époques dues, sous peine de tout dommage envers les usagers.

665. Néanmoins, si celui qui a fait la concession établit que le manque d'eau provient d'un accident naturel, ou même du fait d'autrui, sans qu'on puisse en aucune manière le lui imputer ni directement, ni indirectement, il ne sera point alors responsable des dommages éprouvés par les usagers; mais il subira seulement une réduction proportionnelle sur le prix de location, ou sur ce qui a été convenu devoir former l'équivalent de la concession, qu'il ait été payé ou non; sans préjudice de l'action en dommages-intérêts qui compète aux parties envers les auteurs de la voie de fait qui a donné lieu au manque d'eau.

Dans le second des cas prévus ci-dessus, celui qui a fait la concession sera tenu, sur la demande des usagers, d'intervenir, s'il y a lieu, dans l'instance, pour agir de concert avec eux et les seconder de tous ses moyens, à l'effet qu'ils puissent obtenir les dommages auxquels donne lieu le manque d'eau.

666. Le manque d'eau doit être supporté par celui qui avait droit de la prendre et d'en jouir au temps où elle a manqué, sauf l'action en dommages, ou la diminution, soit du prix de location, soit de l'équivalent convenu comme ci-dessus.

667. Entre divers usagers, le manque d'eau doit être supporté, avant tous autres, par ceux qui ont titre ou possession plus récente; et si, à cet égard, les droits des usagers sont égaux, il doit l'être par l'usager inférieur.

Le recours pour les dommages est toujours réservé contre celui qui a donné lieu au manque d'eau.

668. Dans toutes les contestations sur le possessoire sommaire, les droits et les obligations de celui qui jouit d'une servitude, comme de celui qui la doit, ou de tous autres intéressés, sont déterminés par ce qui s'est pratiqué l'année précédente; ils le sont par le mode de jouissance le plus récent, lorsqu'il s'agit de servitudes dont l'exercice exige un laps de temps excédant l'année.

SECTION 4.

Comment les servitudes s'éteignent.

669. *Les servitudes cessent lorsque les choses se trouvent en tel état qu'on ne peut plus en user.* 703. Code civil français.

670. *Elles revivent si les choses sont rétablies de manière qu'on puisse en user, à moins qu'il ne se soit déjà écoulé un espace de temps suffisant pour faire présumer* 704. Code civil français.

l'extinction de la servitude, ainsi qu'il est dit aux articles 673, 674 et suivants.

671. *Toute servitude est éteinte lorsque le fonds à qui elle est due, et celui qui la doit, sont réunis dans la même main.*

672. Les servitudes que le mari a acquises au fonds dotal, celles que le propriétaire utile a acquises au fonds emphytéotique, ne s'éteignent ni par la dissolution du mariage, ni par la cessation de l'emphytéose. Cependant, les servitudes que ces personnes auraient imposées sur les mêmes fonds s'éteignent dans les cas ci-dessus exprimés.

706. Code civil français. 673. *La servitude est éteinte par le non-usage pendant trente ans.*

707. Code civil français. 674. *Les trente ans commencent à courir, selon les diverses espèces de servitudes, ou du jour où l'on a cessé d'en jouir, lorsqu'il s'agit de servitudes discontinues, ou du jour où il a été fait un acte contraire à la servitude, lorsqu'il s'agit de servitudes continues.*

708. Code civil français. 675. *Le mode de la servitude peut se prescrire comme la servitude même, et de la même manière.*

676. Si les ouvrages qui avaient été faits pour une prise d'eau ont laissé des vestiges, l'existence de ces vestiges ne fait point obstacle à la prescription : pour en empêcher le cours, il faut tout à la fois et l'existence et le maintien en état de service de l'édifice construit pour la prise d'eau, ou du canal de dérivation.

. . . .

678. *Si l'héritage en faveur duquel la servitude est établie appartient à plusieurs par indivis, la jouissance de l'un empêche la prescription à l'égard de tous.* 709. Code civil français.

779. *Si, parmi les copropriétaires, il s'en trouve un contre lequel la prescription n'a pu courir, comme un mineur, il aura conservé le droit de tous les autres.* 710. Code civil français.

EXTRAITS
DU CODE PÉNAL SARDE.

(Promulgué en 1839.)

LIVRE II.

DES CRIMES, DES DÉLITS, ET DE LEUR PUNITION.

TITRE X.

CRIMES ET DÉLITS CONTRE LES PARTICULIERS.

. . . .

. . . .

CHAPITRE II.

CRIMES ET DÉLITS CONTRE LA PROPRIÉTÉ.

. . . .

. . . .

SECTION 4.

De l'incendie et de quelques autres destructions, dégradations et détériorations.

. . . .

. . . .

437. Code pénal français[1]. 711. Quiconque aura volontairement détruit, ren-

[1] Les numéros placés en marge indiquent les articles du Code pénal français qui ont quelque analogie avec les articles du Code sarde.

versé ou rompu des digues, chaussées ou autres ouvrages semblables servant de défense contre les fleuves, rivières ou torrents, et causé, par ce moyen, une inondation dans laquelle une personne ait péri, sera puni de mort. Si cependant cette personne n'a péri que par des circonstances que le coupable ne pouvait prévoir, la peine sera celle des travaux forcés à vie.

Dans tout autre cas, la peine sera celle des travaux forcés à temps, à laquelle on pourra même substituer celle de la reclusion pendant sept ans au moins.

712. Si la destruction ou la rupture des digues, chaussées et autres ouvrages mentionnés en l'article précédent ne peut être attribuée qu'à une simple faute, la peine sera l'emprisonnement.

713. A l'égard de toutes autres ruptures, dégradations ou dommages faits ou causés à des digues, chaussées, ponts, édifices ou autres ouvrages d'art, appartenant même à des particuliers, la peine sera celle de la reclusion. 437. Code pénal français.

Les tribunaux pourront, selon les cas et la nature du dommage, n'appliquer que la peine d'emprisonnement.

. . . .
. . . .
. . . .

718. Tout individu qui, sans aucun titre et par des moyens autres que ceux indiqués dans les articles précédents, aura volontairement occasionné du dégât, des 456. Code pénal français.

dommages ou des détériorations quelconques sur le fonds d'autrui,

. . . .

. . . .

Soit en aplanissant ou comblant des fossés ou canaux,

Sera puni des peines ci-après :

Si le dommage causé excède cent livres, la peine sera d'un emprisonnement de trois mois au moins.

S'il n'excède pas cette valeur, la peine sera pareillement d'un emprisonnement dont la durée pourra se prolonger jusqu'à six mois.

Dans les deux cas ci-dessus, on ajoutera à la peine d'emprisonnement une amende qui ne sera pas au-dessous de la moitié, ni au-dessus du triple du dommage causé.

Sera puni de la même manière, celui qui, hors les cas déjà spécialement prévus par le présent article et par les articles précédents, aura, soit à l'aide d'incendie, soit de toute autre manière, endommagé ou détérioré volontairement l'un des objets mentionnés au présent article, ou tous autres meubles ou immeubles appartenant à autrui.

. . . .

. . . .

723. Celui qui, sans aucun titre et sans droit, aura dérivé ou fait dériver des eaux d'un réservoir quelconque, ou de fleuves, rivières, torrents, ruisseaux,

fontaines, canaux ou aqueducs, et qui se les sera appropriées pour quelque usage que ce soit;

Celui qui, dans le même but, aura rompu ou fait rompre des digues, des écluses et autres ouvrages semblables existants le long des fleuves, rivières, torrents, réservoirs, ruisseaux, fontaines, canaux ou aqueducs;

Celui qui portera obstacle ou empêchement à l'exercice des droits qu'un tiers pourrait avoir sur ces eaux;

Celui, enfin, qui usurpera un droit quelconque sur le cours desdites eaux, ou troublera quelqu'un dans la légitime possession qui lui en sera acquise,

Sera puni d'un emprisonnement dont la durée pourra s'étendre à un an, et d'une amende qui pourra être portée à cinq cents livres[1].

On aura aussi la faculté d'appliquer séparément l'une ou l'autre de ces peines.

724. Sont punis comme coupables d'usurpation d'eaux, ceux qui, ayant droit d'en dériver ou d'en user, auront frauduleusement fait construire des orifices, écluses ou conduits, d'une forme autre que celle établie, ou d'une contenance excédant la mesure à laquelle ils ont droit.

725. Les propriétaires, fermiers ou autres usagers, qui, même en se prévalant des droits qu'ils auraient légitimement acquis sur des eaux, auront, par leur fait ou par leur négligence, occasionné l'inondation de routes ou de terrains appartenant à autrui, seront

[1] 500 francs.

punis d'une amende qui n'excédera cependant pas le quart du dommage qu'ils auront causé.

462. Code pénal français. 726. Si les délits spécifiés dans le présent chapitre ont été commis par des gardes champêtres ou des gardes forestiers, ou par tout autre individu préposé par l'autorité publique pour empêcher ou prévenir ces délits, la peine de l'emprisonnement, s'il y a lieu de l'appliquer, sera réglée de manière à excéder, d'un mois au moins ou d'un tiers au plus, la durée de la peine la plus grave qui serait infligée à tout autre individu coupable du même délit, pourvu toutefois qu'on ne dépasse point le maximum de l'emprisonnement.

DISPOSITIONS GÉNÉRALES.

463. Code pénal français. 727. Dans tous les crimes ou délits contre la propriété, quand le dommage souffert n'excédera pas vingt-cinq livres et qu'il y aura le concours d'autres circonstances atténuantes, le juge sera autorisé à diminuer les peines dans la proportion suivante :

Si la peine est des travaux forcés à temps, il pourra la restreindre à celle de la reclusion;

Si elle est de la reclusion, il pourra la réduire à un emprisonnement dont la durée ne pourra jamais être au-dessous de six mois.

. . . .

729. Dans les cas où, d'après les dispositions du présent code, les crimes ou délits contre les personnes

ou contre la propriété, sont punis d'un emprisonnement ou d'une amende correctionnelle, s'il y a des circonstances atténuantes, le juge aura la faculté de n'appliquer que des peines de police.

730. Ne sont pas compris dans les dispositions mentionnées aux articles 727 et 729 les auteurs de plusieurs crimes ou délits, ceux qui sont en état de récidive et les personnes suspectes.

. . . .

LOMBARDIE.

(MONARCHIE AUTRICHIENNE.)

LÉGISLATION LOMBARDE.

LOIS, DÉCRETS, ETC.

ANTÉRIEURS À LA PROMULGATION

DU CODE CIVIL GÉNÉRAL AUTRICHIEN.

ET

QUI N'ONT PAS ÉTÉ RÉVOQUÉS.

I.

EXTRAIT DE LA LOI DU 20 AVRIL 1804, RELATIVE AUX FRAIS DES TRAVAUX ET À L'ADMINISTRATION DES EAUX PUBLIQUES.

TITRE Ier.

DES DÉPENSES POUR TRAVAUX QUI CONCERNENT LES EAUX.

. . . .

. . . .

7. En vertu des précédentes dispositions, les terrains qui contribuent sont divisés en arrondissements (*circondari*), à chacun desquels est attribuée la défense des digues qui lui compètent.

Là où il n'existera pas d'arrondissement, on en établira, d'après les dispositions du titre II, et là où ils existent, on se conformera, autant que possible, à ces mêmes prescriptions.

8. Dans chaque arrondissement, les intéressés, quant à leur part contributive dans les dépenses à supporter par l'arrondissement auquel ils appartiennent, sont répartis en diverses catégories, d'après l'importance relative des risques qu'ils courent.

. . . .

. . . .

17. Pour ce qui a trait aux canaux d'irrigation et d'écoulement, aux réservoirs ou constructions ayant pour objet l'avantage de plusieurs propriétaires, les travaux et leurs dépenses sont à la charge des intéressés dans chaque arrondissement et territoire; on observera, à cet égard, les conventions et coutumes en vigueur, sauf la modification y apportée par la présente loi.

Là où il n'existera pas d'arrondissement distinct, on en formera suivant les dispositions prescrites par l'article 7 et autres qui s'y rapportent.

. . . .

. . . .

TITRE II.

DE L'ADMINISTRATION DES EAUX ET DES TRAVAUX S'Y RATTACHANT.

20. La haute surveillance et la tutelle des eaux,

ainsi que des travaux qui s'y rattachent, sont confiées au Gouvernement.

21. Deux ingénieurs hydrauliques nationaux ont l'inspection et la surintendance des travaux qu'exigent les eaux qui intéressent l'État.

Le Gouvernement nomme ces ingénieurs hydrauliques, et détermine leurs circonscriptions respectives.

22. L'ingénieur hydraulique national propose pour sa circonscription, au Ministre de l'intérieur, les travaux à faire à la charge de l'État; il communique ses projets aux préfets respectifs.

L'approbation obtenue, il désigne, pour la surveillance de ces travaux et de tous ceux qui lui sont ordonnés par le Ministre de l'intérieur, un délégué particulier, muni de pouvoirs suffisants pour les faire exécuter de concert, lorsqu'il sera nécessaire, avec les autorités locales.

23. Il donne son parère sur les travaux auxquels concourt l'État, et veille à ce qu'ils soient exécutés, avec toute l'exactitude et l'économie désirables, par les délégations respectives. Dans le cas de non-observance, il en donne avis au *Tribunal des eaux* et au Ministre de l'intérieur.

24. Dans chaque département il y a un Tribunal des eaux (*Magistrato di acque*). Les conseils généraux en nomment les membres. Le nombre de ceux-ci ne peut être inférieur à cinq, ni excéder neuf. Deux membres de l'administration départementale en font néces-

sairement partie. Il est présidé par le préfet ou son lieutenant d'administration, qui n'ont pas voix délibérative. Un conseiller hydraulique y assiste; ce dernier reçoit seul une indemnité, payée par le département.

25. Dans chaque arrondissement, il est établi une Délégation spéciale, composée de propriétaires choisis dans la localité. Cette délégation veille à l'exécution des travaux à faire dans l'arrondissement. Elle dépend du tribunal des eaux, avec lequel elle correspond. Quand il en est besoin, les délégués se font assister par un ingénieur [1], qui reçoit alors de l'arrondissement une indemnité.

[1] Il existe, en Lombardie, une profession qui nous manque complétement, et qui cependant rendrait, en France, de très-grands services. Je veux parler des ingénieurs-architectes (*ingegneri architetti*). Ces savants praticiens ne dépendent en aucune façon du Gouvernement, et ont, à ce point de vue, quelque analogie avec nos ingénieurs civils; mais ils en diffèrent essentiellement par leur études. Celles-ci se font dans une des universités de la monarchie. Elles comprennent, outre les deux années de la faculté de philosophie, l'introduction aux mathématiques transcendantes, le calcul différentiel et intégral, *l'économie rurale*, la géodésie et l'hydrométrie, le dessin géométrique et la géométrie descriptive, l'histoire naturelle générale, l'architecture civile et la confection des routes, le dessin architectural, les mathématiques appliquées, l'architecture hydraulique, le dessin des machines et la législation spéciale. Ce cours est de trois années, qui, jointes à celles passées à la faculté de philosophie, contraignent l'élève à travailler au moins cinq années à l'université. Cependant, après ce temps écoulé et ses examens passés, l'élève ne peut encore exercer : il doit rester pendant quatre ans attaché à un ingénieur titulaire, et ce n'est qu'après ce stage qu'il reçoit le titre d'ingénieur, et qu'il peut en exercer les fonctions. Les tribunaux ne doivent em-

26. Dans le terme d'une année, les conseils généraux proposeront au Gouvernement un règlement sur les eaux, adapté aux besoins et aux circonstances de leur propre département. Ce règlement a pour objet la direction et l'écoulement des eaux, la construction, l'entretien et la surveillance des digues et encaissements, la défense des terrains contre les inondations, la manière dont doivent s'exécuter les travaux et le mode d'irrigation à suivre. Il contient, en outre, les règles auxqu'elles il faut obéir pour l'installation des délégations, et la marche à suivre par ces dernières pour qu'elles remplissent les obligations qui leur sont imposées. Dans ce règlement sont aussi indiquées les amendes auxquelles seront condamnés les contrevenants.

27. Ces amendes ne pourront dépasser la somme de 600 livres (600 francs) et il ne pourra, subsidiairement, être appliqué plus de six mois de prison.

ployer pour experts que ces ingénieurs, et les propriétaires leur donnent un continuel et lucratif emploi : ce sont eux qui exécutent les nombreux travaux hydrauliques des particuliers, qui font avec grand soin et détails les reconnaissances de lieu, lors des fins de bail, c'est-à-dire tous les neuf ans; qui dressent les projets et les devis des constructions rurales et autres, lèvent les plans des terrains, servent d'arbitres, etc. On en compte quatre cent quarante-trois à Milan seulement, et il en est encore beaucoup d'autres dans le reste du pays. Le Gouvernement, qui n'a point d'école spéciale, prend ses ingénieurs parmi eux. Je le répète, ces hommes manquent à la France : mais, dans notre pays, la nature de leurs études devrait être profondément modifiée; l'élément agricole devrait y prendre une plus large place.

Lorsque les règlements susdits sont approuvés par le Gouvernement, ils doivent être pleinement exécutés. Les amendes ci-dessus indiquées profitent aux arrondissements respectifs.

28. Le tribunal des eaux, sur la proposition des délégations, après avoir entendu l'ingénieur hydraulique national, ordonne les travaux et les dépenses pour chaque arrondissement.

29. Si la dépense de ces travaux exige des subsides de la part du département, le tribunal des eaux soumet son décret à l'approbation du Gouvernement.

Cependant, lorsque les travaux décrétés sont urgents, il les fait exécuter sans délai, en en donnant immédiatement avis au Ministre de l'intérieur.

30. Sur la demande de l'ingénieur hydraulique national, et de sa seule autorité, le tribunal peut ordonner un travail à la charge de plusieurs délégations, après toutefois les avoir entendues.

31. Avec l'aide de l'ingénieur hydraulique national, il surveille les délégations, et, en cas de négligence ou d'inexactitude de celles-ci, il fait exécuter les travaux à leur charge.

32. Il décide dans les cas de plainte des particuliers contre les délégations, ou de contestation entre les délégations elles-mêmes, sauf recours au Conseil législatif, sans que l'exécution des délibérations prises puisse être retardée par ce recours.

33. Le conseil général du département, après avoir

entendu l'ingénieur hydraulique national, désigne les arrondissements qui doivent concourir aux dépenses des travaux hydrauliques à entreprendre.

L'ingénieur hydraulique national présente un projet de carte (*mappa*) pour chaque arrondissement, avec l'indication précise des terres qui le composent, leur valeur cadastrale, et leur classification telle qu'elle est prescrite par la présente loi.

34. Le plan des arrondissements étant déterminé par le conseil général, l'administration départementale le publie avec les cartes respectives, et un délai de deux mois est accordé pour les réclamations.

L'administration départementale statue sur ces réclamations.

La décision du conseil général et les décisions particulières de l'administration sont remises au Ministre de l'intérieur, qui les approuve, si elles ne contiennent rien de contraire aux lois.

35. Les associations territoriales de propriétaires, actuellement constituées pour concourir en commun aux dépenses des travaux concernant les eaux, sont soumises à l'examen de l'administration départementale, et, dans le cas où cette administration ne les trouverait pas entièrement conformes aux dispositions de la présente loi, elle les réformerait selon le besoin, après avoir pris l'avis de l'ingénieur hydraulique national, et elle soumettrait ce plan de réforme au conseil général.

Celui-ci l'approuvant, les dispositions ultérieures des articles précédents leur seraient applicables.

36. Les circonscriptions d'arrondissement formées ou rectifiées définitivement, ainsi que leur classement terminé, suivant les prescriptions de la présente loi, les ingénieurs hydrauliques nationaux respectifs présentent au Gouvernement le devis motivé des dépenses que chaque arrondissement doit supporter annuellement, indiquant s'il a été opéré, ou non, des déductions dans l'estimation fiscale des terres comprises dans l'arrondissement, l'étendue et la qualité de chaque arrondissement, et l'intérêt que le département et l'État ont à la préservation des terrains.

Ce projet est communiqué par le Gouvernement à l'administration départementale, ainsi qu'aux délégations d'arrondissement, et un délai leur est fixé pour présenter leurs observations. Ce délai expiré, le Gouvernement convertit en loi le budget des dépenses mises à la charge des arrondissements, en se basant sur la justice et l'équité.

37. Chaque année, les différentes délégations présentent au tribunal des eaux, afin qu'il l'examine, l'avant-projet des travaux à entreprendre pour l'année qui va suivre, et les devis des dépenses qu'ils entraîneront.

38 Cette présentation se fait dans le mois d'octobre.

Le projet de chaque arrondissement, divisé en chapitres, présente le montant des travaux à opérer; on y porte en regard le produit annuel présumé de la dotation particulière de chaque circonscription, ainsi que le restant en caisse de l'année précédente, et si la dépense excède la recette, il indique le subside à réclamer, ou du département seul, ou du département et de l'État, conformément aux dispositions de la présente.

39. L'approbation du tribunal des eaux obtenue, et, s'il est besoin, celle du Ministre, le projet est imprimé et publié dans tout le département. Il sert de base aux conseils généraux pour déterminer la surimposition du département, et aux délégations, pour régler et publier la contribution à payer par les propriétaires riverains et par les autres intéressés.

40. La quote-part fixée pour chaque arrondissement est couverte au moyen d'une imposition additionnelle sur les terrains qui en font partie; cette imposition est perçue par les receveurs des contributions directes, d'après les règles usitées pour les autres impôts ruraux.

41. Le produit en est versé, ainsi que celui des dotations particulières des arrondisssements respectifs, dans la caisse du receveur départemental, et porté au crédit des délégations.

42. Le receveur, de la même manière et aux mêmes échéances, crédite chaque délégation du produit de la surimposition rurale du département.

Quant au subside à payer par l'État, le Ministre du trésor le délivre sur mandat du Ministre de l'intérieur.

43. Les fonds existant dans la caisse du receveur, au crédit des délégations, sont inviolables (*intangibile per tutt' altra causa*). Aucun mandat n'est payable, s'il n'est revêtu de la signature de deux membres du tribunal des eaux et de deux délégués.

44. La délégation fait l'adjudication des travaux à exécuter dans sa circonscription, sauf l'approbation du tribunal des eaux. Lorsqu'il y a lieu de dispenser de la formalité de l'adjudication, conformément à l'article 50, la délégation dirige l'exécution des travaux d'après les règles de l'économie la plus sévère, et par le moyen de ses ingénieurs[1].

Même dans le cas où il y a eu adjudication, la délégation est tenue de faire surveiller les opérations par les mêmes agents, pour qu'elles aient lieu de la manière la plus exacte.

45. La délégation veille à ce que, en cas de *trop plein* (*di piena*), les digues soient bien gardées; elle est aussi tenue d'apporter la plus scrupuleuse attention à ce que les règlements en matière d'eau soient observés, et cela sous la responsabilité la plus rigoureuse, en cas de négligence de sa part.

46. Elle défère aux juges ou aux tribunaux crimi-

[1] Pour rendre impossible toute erreur, je dirai que, lorsque aucune qualification n'accompagne le mot *ingénieur*, il doit s'entendre de l'ingénieur-architecte dont il a été parlé note 1re, page 44, et qui, dans la pratique, est toujours et seulement dit *ingénieur*. Cette remarque peut s'appliquer à tous les ouvrages qui ont traité de l'agriculture et des travaux hydrauliques de la Lombardie.

nels les prévenus, dans les cas où des peines corporelles sont encourues; mais elle inflige elle-même aux contrevenants les peines pécuniaires.

Le tribunal des eaux juge, sans appel, les recours en dégrèvement de peines pécuniaires, sans que ce recours suspende l'exécution du premier jugement.

47. Chaque délégation administre la dotation particulière des eaux de sa circonscription, et aussi les sommes recueillies pour les dépenses à faire. A la fin de l'année, elle rend compte de son administration à l'assemblée des intéressés, convoquée à cet effet par une ordonnance.

48. Ce compte est soumis à l'examen et à l'approbation du tribunal des eaux : on le soumet aussi au Ministre de l'intérieur, mais dans le cas seulement de l'intervention du département ou de l'État. Lorsque ce compte est approuvé, il est imprimé et rendu public dans tout le département.

49. Lorsque les diverses sections d'un même canal ou d'un même cours d'eau appartiennent à divers usagers, le Gouvernement a la faculté de réunir en société tous les intéressés, afin que tout se règle et s'exécute par une même administration.

TITRE III.

DISPOSITIONS GÉNÉRALES.

50. Tout travail concernant les eaux se fait généra-

lement par adjudication à l'enchère. Cependant, le tribunal des eaux, lorsque les circonstances l'exigent, peut dispenser de l'observance de cette prescription; si l'État concourt à l'exécution des travaux, le tribunal doit, avant d'accorder la dispense, demander le consentement du Ministre de l'intérieur.

51. Tout particulier est tenu de céder le terrain nécessaire au creusement, à la rectification, à la dérivation, ainsi qu'à l'endiguement des fleuves, canaux de navigation, d'irrigation et d'écoulement publics, et en général à tous les travaux relatifs aux eaux et qui ont un but d'utilité publique. Il sera indemnisé, au besoin, selon l'équité.

52. Quiconque, possédant légitimement des eaux privées ou publiques, entend les dériver, dans l'intérêt de l'agriculture ou pour mettre en jeu des machines ou engins hydrauliques, peut les faire passer sur le terrain d'autrui[1], en payant la valeur, constatée par estimation, du terrain occupé par l'aqueduc[2] à construire, plus le quart en sus; en s'obligeant a entretenir cet aqueduc, les berges, travaux d'art, etc.; comme encore à indemniser le propriétaire asservi, de tout dommage que l'opération pourrait causer au fonds traversé.

[1] Il est ordonné que les lois italiennes des 20 avril 1804 et 20 mai 1806, en ce qu'elles contiennent au sujet de la servitude légale de l'aqueduc ou passage forcé de l'eau, restent en pleine vigueur. (Extrait de la notification du gouvernement du 18 juin 1825. *Raccolta degli Atti ufficiali, pell' anno 1825.*)

[2] Voir note 1re, page 11.

53. Les aqueducs ou canaux sont établis sur la partie de la propriété où, à dire d'expert, ils causent le moins de préjudice au fonds servant, sans que pourtant la dérivation des eaux en puisse jamais être entravée ou rendue moins commode.

54. Les terrains inférieurs ne peuvent se refuser à donner issue aux eaux supérieures. Outre les dispositions des articles précédents, c'est aux propriétaires des terrains supérieurs qu'incombe la dépense des excavations à faire pour l'écoulement des eaux, ou pour la défense des terres par lesquelles les colatures[1] doivent passer; ils payent aussi une indemnité suffisante pour tout dommage qui, en quelque moment que ce soit, résulte de ces servitudes pour les terres traversées. Le présent article n'altère en rien l'effet des conventions, possessions et servitudes légitimement acquises.

55. Il est défendu de faire des excavations pour ouvrir passage à des sources ou têtes de fontaines[2], canaux secondaires et conduites d'eau, comme encore

[1] Colatures, en italien *colature*, eaux que les terrains arrosés n'ont point absorbées, et qu'il faut jeter au dehors de la pièce de terre ou de la propriété irriguée.

[2] *Teste di fontanili.* En Lombardie, la composition géologique des couches les plus rapprochées de la surface est, en général, celle-ci : amas épais d'argile, recouvert d'une couche de galets ou cailloux roulés qui varie de 12 à 2 mètres d'épaisseur, et sur laquelle repose la terre arable, jadis sable inerte, et devenue, par la culture la plus intelligente, et, particulièrement, par l'emploi le plus judicieux de l'irrigation, une des plus fertiles du globe. Cette constitution géo-

de creuser davantage ou d'élargir les excavations anciennes ou les sources existantes, dans le voisinage des fleuves ou canaux, et ce à une distance où, à dire d'experts, ces travaux pourraient nuire aux fleuves et canaux ou à leurs ouvrages défensifs.

56. Dans le cas de trop plein *(di piena)* et de danger d'inondation, de rupture, ou autres désastres de ce genre, tout particulier, sur l'invitation de l'autorité compétente, est tenu d'accourir pour travailler à fortifier les digues, avec les hommes, les bêtes de trait ou de somme, les chariots et tous les instruments nécessaires, de la manière et sous les peines prescrites par les lois et coutumes en vigueur.

57. Dans le cas d'urgence, les communes intéressées, et qui auront été désignées par les règlements publiés, sont tenues à fournir le nombre de chariots et de journaliers qui leur est demandé, et ces prestations sont payées par la caisse chargée de faire face aux dépenses.

logique établit, à une certaine profondeur, un réservoir pour toutes les eaux qui, versées avec abondance à la surface, et n'étant absorbées ni par l'évaporation ni par les plantes, passent dans l'amas de galets comme à travers un crible. Aussi l'industrieux Milanais va-t-il chercher sur la couche imperméable, par de dispendieux travaux, des eaux qui, relativement chaudes pendant l'hiver, lui sont tout à fait nécessaires pour ses prés d'hiver (*prati marcitorii*). Ces sources artificielles, extrêmement nombreuses dans le Milanais, le sont beaucoup moins dans le Lodésan, où l'argile arrive beaucoup plus près de la surface et se confond souvent avec elle.

58. Celui qui, sans la permission de l'autorité légitime, coupe une digue, est condamné au remboursement du dommage et aux peines inscrites dans les lois en vigueur, ainsi que dans les règlements à publier[1].

. . . .

59. Dans l'appréciation fiscale du revenu, on prend en considération les dépenses auxquelles ont donné lieu les travaux hydrauliques, ainsi que l'éventualité des récoltes.

60. Dans le cas de perte totale ou partielle du fonds imposé, il est accordé un dégrèvement proportionel.

. . . .

. . . .

[1] « 74. Les autres délits commis méchamment, sur le terrain d'autrui, sont punis, suivant l'importance du dommage causé, par la prison (*carcere*), de six mois à un an, et même, si le cas est très-grave, par la prison dure (*carcere duro*), de un an à cinq ans. » (*Code pénal universel autrichien*, Ire partie, *Des délits*, section 1re, chapitre IX.)

. . . .

. . . .

« 76. Celui qui, par violence (*petulanza*), abat ou détériore un pont, une écluse ou prise d'eau, une digue, levée ou berge servant à contenir un fleuve ou un torrent, ou à protéger, contre leurs ravages, une route. . . . ., est puni d'une arrestation (*arresto*) de un à trois mois, suivant la gravité de la transgression et le dommage causé. Lorsque le transgresseur aura joint le vol à la destruction, il y aura lieu d'appliquer, en outre, la peine affectée au vol. » (Même code, IIe partie, *Des graves transgressions de police*, chapitre VI.)

Ce code, promulgué en 1816, a beaucoup diminué la sévérité des peines portées par la législation précédente.

II.

EXTRAIT DU DÉCRET DU 6 MAI 1806, QUI RÈGLE LE SYSTÈME ET L'ADMINISTRATION DES EAUX ET DES ROUTES.

. . . .

TITRE III.

DES DÉPENSES POUR TRAVAUX CONCERNANT LES EAUX ET LES ROUTES.

SECTION Ire.

PAR QUI DOIVENT ÊTRE FAITES LES DÉPENSES POUR TRAVAUX CONCERNANT LES EAUX ET LES ROUTES.

48. Le trésor royal fournit les sommes nécessaires pour les dépenses qu'entraînent les travaux des fleuves endigués.

49. Les intéressés, dans chaque arrondissement, versent au trésor leur quote-part de contribution annuelle, équivalente à la dépense faite, tant en numéraire qu'en travaux, pour l'entretien ordinaire.

50. Une commission composée d'ingénieurs en chef et de deux délégués, par chaque département, choisis par le tribunal respectif, est chargée de proposer, tous les trois ans, la contribution à payer pour l'entretien ordinaire.

51. Cette proposition est rendue publique, afin que les intéressés puissent présenter leurs réclamations.

52. Toute dépense qui a pour objet unique la navigation, est à la charge de l'État.

53. Les dépenses pour la défense ordinaire des terres contre les fleuves et torrents non endigués, sont à la charge des intéressés.

54. Le trésor royal fournit un subside dans le cas d'ouvrages et de dépenses extraordinaires qui intéressent l'État sous le rapport de ses frontières ou de son commerce, ou pour la conservation d'un territoire habité, menacé d'être corrodé par les eaux.

55. A cet effet, les ingénieurs en chef inspectent chaque année les fleuves et les torrents principaux, examinent l'état de leurs rives, et indiquent les travaux de défense qui incombent aux intéressés, en vertu des règlements en vigueur ou de ceux à publier, et relatifs aux travaux des fleuves ou torrents non endigués.

56. Dans le cas de négligence, les intéressés sont contraints, par l'autorité publique, à les faire exécuter.

57. Sont également à la charge des intéressés, les dépenses qui ont trait aux travaux des digues ou berges, travaux d'arrondissement ou d'amélioration, autres que ceux qui regardent les sociétés indiquées au titre IV.

58. En cas de travaux extraordinaires dont l'État en-

treprend l'exécution, pour dessèchement de marais ou pour colmatage, les propriétaires intéressés à l'amélioration fournissent, par anticipation, la portion des dépenses qui, selon les circonstances, est reconnue convenable et équitable. Les travaux terminés, les fonds améliorés sont constitués débiteurs envers l'État, des dépenses effectives soutenues par le trésor royal. Le Gouvernement détermine le mode de remboursement et la quote-parte afférente à chacun. Le propriétaire qui se refuse à payer la provision qui lui incombe, est contraint à vendre sa terre ou à la céder aux autres intéressés, à dire d'experts.

....
....

TITRE IV.

DES SOCIÉTÉS D'INTÉRESSÉS POUR L'ÉCOULEMENT DES EAUX.

71. Les propriétaires intéressés dans les travaux ayant pour objet unique l'écoulement des eaux ou le colmatage et les améliorations des terres, sont organisés en autant de sociétés qu'il paraît utile à leurs intérêts communs, et suivant la division territoriale du royaume.

72. Les sociétés actuellement existantes sont conservées, sauf les modifications ou additions reconnues opportunes.

73. La liste des sociétés sera irrémissiblement publiée dans le courant de la prochaine année 1807.

74. Les sociétés des intéressés sont soumises à la surveillance des préfets, et elles agissent selon les règles qui leur ont été prescrites par l'autorité.

. . . .

. . . .

III.

DÉCRET DU 20 MAI 1806, SUR LES IRRIGATIONS ET LE SERVICE DES USINES.

TITRE Ier.

DÉRIVATION DES EAUX DES FLEUVES, TORRENTS ET CANAUX PUBLICS.

1. Nul ne peut détourner tout ou partie des eaux publiques, ni exécuter dans ce but aucun travail d'art, sans l'investiture ou la concession du Gouvernement.

2. L'investiture ou la concession détermine la quantité d'eau, le temps, le mode et les conditions de la prise, de la conduite et de l'usage des eaux, ou de la construction et de l'usage de l'usine; elle fixe aussi la redevance annuelle à payer.

3. Les dispositions des articles précédents ne porteront aucun préjudice aux propriétaires actuels, pour les usages, constructions et droits dont ils jouissent à titre légitime, en vertu des lois ou coutumes locales existantes.

4. Aucune concession nouvelle ne peut être accordée au préjudice d'autrui : les intérêts des investitures antérieures sont toujours soigneusement respectés.

A cet effet, une demande étant présentée et publiée, on entend les intéressés, et l'on recueille, avant d'accorder la concession, les observations justes et opportunes. Un règlement en détermine la forme.

5. Il n'est permis, sous aucun prétexte, de faire, sans la permission expresse du Gouvernement, quelque modification ou changement que ce soit aux orifices réglés (*bocche*) ou écluses stables.

6. Dans les dérivations à orifices et écluses mobiles, tout travail doit être approuvé par l'ingénieur en chef du département. Celui-ci en rend compte à la direction.

7. Les ingénieurs en chef sont chargés de veiller sur les eaux du domaine public, afin que l'usage de celles concédées pour irrigations ou pour service d'usine, ait lieu d'après les pactes, obligations et conditions imposées dans les investitures, concessions, etc.

8. A cet effet, ils ont un registre sur lequel sont copiées lesdites concessions, investitures, etc.

9. Si celui qui a droit à une prise d'eau, introduit quelque abus ou commet quelques fautes, l'ingénieur en chef peut faire rétablir par ses agents, et sans autre formalité, les choses dans leur état ancien et normal, aux termes des conditions desdites investitures ou concessions, mais en en donnant avis à la direction.

10. Quand les contestations en matière d'eau n'ont pour objet que les intérêts des particuliers, on a re-

cours, comme par le passé, pour les terminer, aux tribunaux compétents.

11. Lorsque l'intérêt public s'y trouve mêlé, elles sont du ressort de l'administration.

TITRE II.

DÉRIVATION DES EAUX DE SOURCE.

12. Il est permis à chacun de faire jaillir des sources sur sa propriété et d'y faire circuler leurs eaux, sauf la disposition de la loi du 20 avril 1804, article 55, et sauf encore les droits des tiers.

TITRE III.

MESURE ET RÉPARTITION DES EAUX.

13. Jusqu'à ce qu'il soit établi un module uniforme et une unité de mesure pour les eaux, les orifices modelés ou réglés seront construits et mesurés selon les usages de chaque pays.

14. Pour tous les lieux où il n'existe pas de module, la direction le déterminera, en ayant égard aux circonstances des localités et des canaux.

Dorénavant, lorsqu'il s'agira de faire une répartition d'eaux, elle s'exécutera d'après le mode et la manière qui seront prescrits par la direction.

TITRE IV.

CONDUITE DES EAUX SUR LES PROPRIÉTÉS D'AUTRUI.

15. La loi du 20 avril 1804 pourvoit aux mesures à prendre pour la conduite des eaux sur la propriété d'autrui[1].

16. Quiconque veut introduire des eaux dans un canal public, pour les en faire sortir plus bas, en fait demande à la direction, qui y pourvoit, ainsi qu'il est dit article 4.

Les réclamations contre ces concessions doivent être adressées à l'administration publique.

TITRE V.

DISPOSITIONS GÉNÉRALES.

17. Les ingénieurs en chef veillent à ce qu'il ne s'introduise aucun abus dans l'usage qui se fait des eaux pour les rizières, les irrigations et le service des usines; s'ils en découvrent, ils y pourvoient dans les limites de leurs attributions, et ils en font rapport à la direction.

18. Là où il n'est pas autrement pourvu par le présent règlement, sont conservés les usages et les règles jusqu'ici suivis, relatifs aux prises d'eau et à l'usage de

[1] Art. 51, 52, 53, 54, pages 52 et suivantes.

celle-ci pour les irrigations, la mise en mouvement des usines, etc. sauf les variations et les modifications que le Gouvernement croira devoir prescrire dans l'intérêt public et privé.

19. Les lois, cris, édits, peines et amendes précédemment publiés contre les usurpations d'eau, sont maintenus en pleine vigueur pour tous les cas où il n'y aurait pas été pourvu, d'une manière différente, par le présent décret.

IV.

DÉCRET DU 20 MAI 1806, RÉGLANT LES SOCIÉTÉS D'INTÉRESSÉS DANS LES COURS D'EAU ET AMÉLIORATIONS.

TITRE I.

ORGANISATION DES SOCIÉTÉS.

1. Les fonds qui jouissent du bénéfice d'un cours d'eau forment une circonscription[1] (*comprensorio*).

2. Tous les propriétaires de terres placées dans cette circonscription forment une société.

3. Si l'étendue et l'état d'un canal l'exigent, son cours peut être divisé en plusieurs tronçons ou sections. Chaque section a sa circonscription, et chaque circonscription sa société.

4. Chaque société est représentée par une délégation.

5. Le nombre des délégués est fixé par la direction générale, en raison des besoins de la circonscription.

6. Dans chaque circonscription, les intéressés nomment, au scrutin secret, les membres de la délégation; à cet effet, la préfecture convoque les intéressés, en désignant le lieu et le jour. L'assemblée est présidée

[1] Circonscription (*comprensorio*) veut dire ici ce qui, dans les décrets de 1804 et de 1806, est appelé arrondissement (*circondario*).

par le préfet, le sous-préfet, ou par quelqu'un désigné par eux.

Si le nombre des membres présents n'atteint pas le tiers des intéressés, ceux qui assistent choisissent les délégués sur une liste triple, comprenant les noms des plus forts intéressés.

7. Tous les deux ans, on renouvelle un délégué. Le sort décide, pour la sortie de charge, entre les premiers élus ; lorsque les premiers élus auront tous subi le renouvellement, on sortira par rang d'ancienneté.

Le délégué sortant est indéfiniment rééligible.

8. La délégation a un président dont les fonctions durent une année. La présidence passe successivement à chacun des délégués. Parmi les premiers élus, la majorité des votes obtenus lors de l'élection décide ; pour les autres, on se règle sur l'ancienneté.

9. La délégation fixe les jours de ses séances ordinaires. Le préfet, le sous-préfet et le président de la délégation peuvent, s'il en est besoin, la convoquer extraordinairement. Dans le cas où l'assemblée n'aurait désigné aucun autre de ses membres à cet effet, le président fait exécuter les délibérations.

10. Les attributions de la délégation sont : la surveillance des canaux, des constructions hydrauliques et des digues établies tant sur les cours d'eau eux-mêmes que sur leurs dérivations, existant dans la circonscription ; l'entretien des uns et des autres, et l'expédition des mandats de dépenses qui y ont trait.

11. Elle délibère sur les affaires de sa compétence, à la pluralité absolue des votes.

12. Lorsqu'il s'agit de projets nouveaux intéressant la circonscription, tels que creusement de canaux nouveaux, élargissement ou prolongation d'un canal ancien, construction de nouvelles écluses et de siphons passant sous les rivières, ou autres travaux emportant dépenses extraordinaires, les intéressés sont convoqués, et, d'après le mode indiqué à l'article 8, nomment autant de délégués extraordinaires qu'il y a de délégués ordinaires.

13. La réunion des anciens et des nouveaux délégués forme une délégation extraordinaire, qui délibère sur les travaux proposés et sur leur exécution.

14. Le résultat des délibérations de la délégation extraordinaire est soumis à la direction générale, dont l'approbation est nécessaire. Les travaux et les moyens proposés étant approuvés par l'autorité supérieure, la délégation ordinaire procède à leur exécution.

15. Les dispositions des articles 12 et 13 sont appliquées aussi, dans le cas prévu par l'article 55 du décret royal du 6 mai 1806, tant en ce qui concerne l'initiative du préfet, que pour satisfaire aux engagements contractés avec le trésor public.

16. Chaque délégation a un comptable et un caissier.

17. Dans les circonscriptions qui ont des intéressés étrangers à l'État, on observe les conventions et les coutumes en vigueur.

18. Dans le cas de nouvelles améliorations à tenter par desséchement ou par colmatage, les circonscriptions et les sociétés se forment suivant les règles établies par les articles précédents.

TITRE II.

GARDE DES CANAUX, PRISES D'EAU ET DIGES S APPARTENANT À LA CIRCONSCRIPTION.

19. Pour les canaux, écluses et digues d'une circonscription, il y a autant de gardes que la délégation juge à propos d'en nommer.

20. La délégation prescrit les instructions pour la garde régulière de ces objets.

21. Tous les trois ans, et même plus souvent, si besoin est, l'ingénieur ordinaire visite tous les cours d'eau de son département, vérifie, d'après les poteaux indicateurs, l'état d'atterrissement, prend note des besoins, désordres ou abus; propose à la délégation les travaux à faire, en informe l'ingénieur en chef, qui en fait part à la direction. Si la délégation se refuse à faire les travaux, l'ingénieur ordinaire en fait rapport à l'ingénieur en chef qui le transmet, avec ses observations et son parère, à la direction, laquelle prend une détermination supérieure. Dans cette visite, on reconnaît également l'état des nouvelles améliorations foncières.

22. Dans les moments de plein ou de crue extraor-

dinaire, s'il est besoin d'une garde spéciale et momentanée pour quelques digues confiées aux soins de la délégation, celle-ci est tenue d'y pourvoir selon les besoins et les coutumes des localités.

TITRE III.

TRAVAUX RELATIFS AUX CANAUX.

23. Afin de pouvoir s'assurer de l'état d'atterrissement des principaux cours d'eau, il y a tout le long des canaux, et de quatre cents en quatre cents brasses italiennes (400 mètres), des repères sur lesquels est indiquée la profondeur assignée à chaque tronçon ou section du cours d'eau. Cette profondeur est indiquée en mesure du pays, avec son équivalent en mesure italienne (*métrique*).

24. Chaque délégation fixe une limite à laquelle l'atterrissement étant arrivé, on doit procéder au creusement. L'ingénieur en chef est informé de cette décision.

25. Le faucardement[1] des canaux a lieu au moins deux fois l'année.

[1] Les canaux d'irrigation doivent, en Italie, à leur peu de pente, à la bonté des eaux qui y coulent et à l'action du climat, de se remplir, presque littéralement, en très-peu de temps, d'herbes et de plantes : ainsi la quantité d'eau nécessaire pour l'irrigation en est diminuée, et la navigation elle-même en souffre beaucoup. Il faut donc fréquemment faucarder (*sgarbare*) ou faucher les herbes, ce qui s'opère ainsi qu'il a été indiqué dans la première partie de ce rapport.

26. S'il arrive que, dans les ruptures de digues ou les inondations, il survienne quelque atterrissement extraordinaire dans une portion du cours d'eau, la délégation fait immédiatement procéder à l'enlèvement des matières encombrantes.

TITRE IV.

DÉPENSES.

27. Pour le faucardement des canaux publics ou communs, on commet un ingénieur ou un expert qui doit rédiger un projet de travaux indiquant les dépenses à faire. On procède de même toutes les fois qu'il est question d'opérations extraordinaires.

28. Afin de pourvoir aux besoins de la circonscription, une taxe basée sur les revenus annuels et d'après les projets de dépenses à faire est, chaque année, déterminée par la délégation.

29. Cette taxe est soumise à l'approbation du préfet, qui requiert, au préalable, l'avis du tribunal des eaux. Lorsqu'elle est approuvée, la répartition en est faite suivant les conventions ou coutumes en vigueur [1].

30. Lorsqu'il n'existe ni conventions, ni coutumes,

[1] Par une circulaire du Gouvernement, du 31 mars 1819, est confirmée la disposition du décret italien du 20 mai 1806, principalement exprimée dans les articles 28 et 29, titre IV, par lequel il est prescrit de déterminer et de percevoir la taxe sur les intéressés dans les associations pour les canaux.

les intéressés de chaque circonscription se répartissent, pour concourir aux dépenses, en plusieurs classes, selon le degré de profit qu'ils retirent du canal.

Un ingénieur en chef, choisi par la délégation, propose le classement des intéressés, et la proportion dans laquelle doit contribuer chaque classe.

Cette proposition est rendue publique, afin que les intéressés puissent présenter, dans le délai fixé, leurs réclamations à la préfecture. Le préfet, après avoir pris l'avis du tribunal des eaux, en fait son rapport à la direction générale. Après l'approbation ou la rectification supérieure, la cote incombant aux intéressés d'une même classe est répartie entre eux en raison de la valeur cadastrale de chaque propriété.

31. Cette taxe, dont le recouvrement est assimilé à celui des impôts directs et jouit des mêmes priviléges, est perçue par le caissier.

32. Les amendes pour contraventions aux règlements en vigueur tournent au profit de l'association et sont versées dans sa caisse. On y verse également toute autre somme mise à la disposition de la délégation.

33. Le caissier fait les payements sur mandats signés du président, d'un délégué et de l'agent comptable.

34. Le caissier doit présenter toutes les garanties convenables; il est nommé par la délégation et sous sa responsabilité.

Il est déclaré débiteur du montant total de chaque

portion de la taxe, cinq jours après l'échéance, qu'il l'ait ou non perçue.

35. A la fin de chaque année, la délégation présente à la préfecture le compte des dépenses, avec indication de l'actif et du passif de la caisse; lorsqu'il est approuvé par le tribunal des eaux, cet état est publié et un exemplaire est adressé à la direction générale.

36. Si plusieurs cours d'eau non compris dans la même circonscription, avaient une issue commune par un même canal ou un même pertuis, la dépense et la garde pour l'entretien de ce canal ou pertuis seraient réparties, selon le profit qu'elles en retirent, entre les circonscriptions des usagers, sauf les conventions en vigueur.

37. Si la préservation d'une digue intéressait plus d'une circonscription, la dépense de réparation en serait également répartie, ainsi qu'il est dit dans l'article précédent, sauf encore les conventions existantes.

TITRE V.

DISPOSITIONS GÉNÉRALES.

38. Les écluses sont munies, non-seulement de tous les ustensiles les plus commodes pour les ouvrir ou les fermer, mais encore de tout le matériel nécessaire pour pouvoir les fortifier, en cas de trop plein ou de grandes eaux. En tout ce qui intéresse la défense des

digues, elles sont placées sous la surveillance de l'ingénieur en chef et de ses subordonnés.

39. Lorsque les titres respectifs n'y pourvoient pas, la compétence est réglée, et des mesures sont ordonnées pour que chaque prise d'eau (*bocca d'estrazione*) placée sur un fleuve ou rivière, distribue les eaux aux divers propriétaires de la circonscription, sans que les uns en reçoivent indûment au préjudice des autres. Cette prescription s'étend également aux dérivations d'eau bourbeuse destinée au colmatage.

40. Les réclamations des intéressés contre la délégation sont remises à la préfecture, qui, après avoir vérifié l'exposé et entendu la délégation, y pourvoit selon les divers cas.

Si la réclamation a trait à un point de droit (*di massima*), la préfecture l'envoie à la direction générale, et attend les instructions de celle-ci avant de décider.

41. Chaque délégation présente à la direction un projet de règlement pour la conservation des objets qui lui sont confiés.

42. Ce règlement devient obligatoire, aussitôt qu'il a été revêtu de l'approbation de la direction générale.

43. Les lois, cris et édits, les condamnations et les amendes se rapportant aux associations pour les cours d'eau et les améliorations foncières, précédemment promulgués, prononcées ou frappées, sont maintenus en pleine vigueur dans tous les cas non prévus par le présent règlement.

V.

DÉCRET DU 3 FÉVRIER 1809, RELATIF AUX RIZIÈRES, AUX PRÉS MARCITES[1] ET AUX PRÉS ARROSÉS.

TITRE Ier.

DES RIZIÈRES.

1. Nul, à l'avenir, ne pourra convertir son terrain en rizière, sans la permission spéciale du préfet du département dans lequel ce terrain est situé.

2. Les contrevenants sont punis d'une amende égale au double de la valeur du produit d'une année du terrain converti, sans permission, en rizière. Sont solidaires, pour le payement de cette amende, tant le propriétaire que le fermier contrevenant, sans que le premier puisse faire admettre pour excuse son ignorance.

3. La permission d'établir de nouvelles rizières ne peut jamais être accordée, par les préfets, sur les terrains qui ne sont pas au moins distants,

1° De 8,000 mètres, de la capitale du royaume;

2° De 5,000 mètres, des communes de première classe et des places fortes;

[1] Voir note 1re, page 23; note 2, page 53.

3° De 2,000 mètres, des communes de deuxième classe;

4° De 500 mètres, enfin, des communes de troisième classe.

4. Les distances fixées ci-dessus se prennent en ligne droite, pour les communes entourées de murailles, du pied de ces murs, et, dans celles non murées, de la dernière maison faisant partie de l'agglomération des habitations.

5. Les rizières actuellement existantes dans le voisinage de la capitale, en deçà de la distance fixée, c'est-à-dire à moins de 8,000 mètres, doivent, dans l'espace de trois années à partir de la publication du présent décret, et sous les peines indiquées par l'article 3, être converties en un autre genre de culture.

6. Pour ce qui regarde les communes de première, deuxième et troisième classe, les propriétaires des rizières existantes en deçà des distances prescrites par l'article 3 sont provisoirement maintenus, jusqu'à disposition contraire, dans le droit de les cultiver. Il est cependant défendu d'augmenter et d'étendre ces rizières, sans la permission prescrite par l'article 1er.

7. Nous nous réservons de prendre des décisions sur la prohibition de ces rizières et sur les époques de cette prohibition, après avoir pris connaissance des avis des conseils municipaux de chaque commune et des conseils généraux des départements intéressés.

Le Ministre de l'intérieur ordonnera à tous les préfets de provoquer, à cet effet, les délibérations des conseils, tant municipaux que généraux.

Ces délibérations seront prises, par ces conseils, dans la session la plus prochaine, et immédiatement transmises au Ministre par le préfet, qui les accompagnera de son propre avis.

TITRE II.

DES PRÉS MARCITES ET DES PRÉS ARROSÉS [1].

8. Il est défendu d'établir des prés marcites et arrosés dans l'intérieur des communes.

9. A l'expiration de la présente année, les terrains cultivés en prés marcites et arrosés, dans l'intérieur des communes, seront convertis en autres cultures.

10. Il est également défendu d'établir des prés marcites et arrosés, aux alentours des communes de première classe et des places fortes, sans une permission spéciale du préfet.

[1] Ce titre est inséré, dans ce rapport, plutôt comme monument historique, que comme règle actuelle de la législation. Lorsqu'il apparut à Milan, il souleva de toutes part des plaintes unanimes; le Gouvernement voulut rapporter son œuvre, sans trop se donner tort, et, par un nouveau décret, du 11 mars 1812, il suspendit l'exécution de ce titre jusqu'à la promulgation du Code pénal : or, celui-ci, moins impossible en Lombardie qu'en France, y est cependant si difficile à dresser, que rien n'est encore fait à son sujet. Ainsi se trouve supprimé, de fait, tout le titre II du décret réglementaire du 3 février 1809.

11. Cette permission ne peut être accordée, par les préfets, que pour les terrains distants au moins,

1° De 1,000 mètres, de la capitale;

2° De 500 mètres, des communes de première classe et des places fortes.

Les distances sont mesurées comme pour les rizières.

12. Dans l'année 1811, seront convertis en autre culture les prés marcites et arrosés situés dans le voisinage de la capitale, à une distance de moins de 1,000 mètres; et, dans le voisinage des communes de première classe et des places fortes, à une distance moindre de 500 mètres.

13. Les dispositions de l'article 2 sont applicables à ceux qui contreviennent aux articles 8, 9, 10 et 12.

14. Les amendes encourues pour contravention au présent décret, sont perçues par les receveurs des finances et versées au trésor royal.

15. Les Ministres de l'intérieur et des finances sont chargés, chacun en ce qui le concerne, de l'exécution du présent décret, qui sera inscrit au Bulletin des lois.

EXTRAITS

DU CODE CIVIL GÉNÉRAL AUTRICHIEN.

(Promulgué, à Milan, en 1816.)

. . . .

. . . .

SECONDE PARTIE.

DU DROIT SUR LES CHOSES.

DES CHOSES ET DE LEUR DIVISION LÉGALE.

. . . .

285. Tout ce qui n'est pas une personne, et sert à l'usage de l'homme, est appelé chose, dans le sens légal.

. . . .

287. Les choses que tous les citoyens, indifféremment, peuvent librement occuper sont dites n'appartenir à personne. Celles dont l'usage seul leur est accordé, comme les routes maîtresses (*strade maestre*), les fleuves, les rivières, les ports et les rivages de la mer, sont appelés biens universels et publics.

. . . .

. . . .

CHAPITRE VII.

DES SERVITUDES.

472. En raison du droit de servitude, le propriétaire de la chose assujettie est obligé de tolérer, ou de ne pas faire quelque chose, et cela pour l'avantage d'autrui. La servitude est un droit réel qui frappe tout propriétaire d'une chose sujette à cette servitude.

473. Si le droit de servitude est joint à la possession d'un fonds, pour le plus grand avantage ou la plus grande commodité de celui-ci, il s'appelle droit de servitude prédiale. . . . .

. . . .

474. Les servitudes prédiales supposent deux possesseurs de fonds, l'un assujetti et l'autre ayant le droit: au premier est le fonds servant, au second le fonds dominant. Le fonds dominant est destiné ou à l'économie rurale ou à un autre usage.

Les servitudes se divisent aussi en rurales ou urbaines.

. . . .

. . . .

477. Les principales servitudes rurales sont :

. . . .

2° Le droit d'abreuver les bestiaux, de puiser l'eau, de la dévier, ou de la conduire.

. . . .

479. Il peut arriver qu'une servitude prédiale soit concédée pour l'usage d'une seule personne dénommée, ou que la concession, ayant cependant tous les caractères de la servitude, soit seulement précaire. Mais de semblables exceptions aux règles ordinaires de la servitude ne se présument pas, elles doivent être prouvées par celui qui élève la prétention.

480. La servitude se fonde par un contrat, ou par une disposition de dernière volonté, ou par la sentence d'un juge, prononcée sur le partage d'un fonds commun, ou enfin par la prescription.

481. Le droit réel de servitude sur les choses immobilières, et généralement sur les objets qui sont inscrits dans les livres publics, peut s'acquérir par la seule inscription sur ces mêmes livres. . . . .

. . . .

482. Il est de règle que, dans le cas de servitude, le propriétaire du fonds servant n'est tenu à rien autre chose qu'à permettre, à celui qui profite du droit, d'en user librement, et qu'à s'abstenir de tout ce qui pourrait en entraver l'exercice.

483. En conséquence, les dépenses à faire pour la conservation ou la réparation de la chose qui sert, doivent être supportées par celui qui a le droit de servitude. Si cependant le propriétaire de la chose servant en fait lui-même usage, il contribue proportionnellement aux dépenses, et ne peut se libérer de cette obligation, qu'en abandonnant la chose à celui qui a le

droit de servitude; le refus de ce dernier ne saurait empêcher l'abandon.

484. Le propriétaire du fonds dominant peut exercer à son gré son propre droit, mais la servitude ne doit être étendue ou restreinte qu'autant que le comportent sa nature et la fin pour laquelle elle a été constituée.

485. Aucune servitude ne peut arbitrairement être disjointe de la chose servant, ni être transférée à une autre chose ou à une autre personne. Toute servitude est en outre indivisible, en tant que le droit inhérent à la propriété ne peut, par augmentation, diminution ou partage du fonds même, être changé ou divisé.

. . . .

. . . .

496. Le droit de puiser l'eau appartenant à autrui entraîne celui d'accès ou d'entrée sur l'héritage frappé de la servitude.

497. Celui qui a le droit de dériver l'eau par le fonds d'autrui sur le sien propre, ou de conduire dans l'héritage d'autrui celle qui coule sur sa propriété, peut aussi établir à ses frais les conduites, canaux ou travaux d'art nécessaires. La mesure qui ne doit pas être dépassée, dans l'exécution de ces travaux, est déterminée par les besoins du fonds dominant.

. . . .

. . . .

523. Les servitudes peuvent donner lieu à deux

actions : celle contre le propriétaire pour soutenir le droit de servitude, et celle que le propriétaire exerce contre celui qui s'arroge le droit de servitude. Dans le premier cas, le demandeur doit prouver l'acquisition de la servitude ou au moins sa possession légale; dans le second, le propriétaire doit établir l'usurpation de la servitude sur sa propre chose.

524. En général les servitudes finissent ainsi que les autres droits et obligations. . . . .
. . . .

525. La servitude est interrompue si le fonds servant ou dominant périt : mais, si le fonds ou l'édifice est rétabli dans son premier état, la servitude recommence, sans qu'elle puisse être changée ou diminuée en rien.

526. La servitude cesse quand la propriété du fonds servant et celle du fonds dominant sont réunies dans la main d'une même personne. Mais, si un de ces fonds réunis vient de nouveau à être aliéné, sans que la mention du droit de servitude ait été pendant ce temps effacée légalement sur les livres publics, le nouveau propriétaire du fonds dominant a le droit d'exercer la servitude.

527. Si le propriétaire de la servitude peut connaître, soit par les livres publics, soit de toute autre façon, le droit temporaire de celui qui l'a constituée, ou le temps limité pour lequel elle a été établie, la servitude, passé ce temps, cesse d'elle-même.

LOIS ET DISPOSITIONS SUPÉRIEURES,

PUBLIÉES

APRÈS LA PROMULGATION DU CODE CIVIL AUTRICHIEN.

I.

EXTRAIT DE LA NOTIFICATION DU GOUVERNEMENT, DU 19 MAI 1817, PAR LAQUELLE ON TRANSMET DES INSTRUCTIONS SUR LA PRÉSENTATION ET L'EXPÉDITION DES DEMANDES EN FORMATION DE NOUVELLES RIZIÈRES.

1. Les demandes de permission pour la création de nouvelles rizières doivent être présentées aux chanceliers impériaux, royaux et du cens de chaque district, au moins deux mois avant la deuxième réunion du conseil communal ou général, laquelle, suivant les articles 11 et 42 de la notification du 12 avril 1816, doit avoir lieu annuellement dans le mois de septembre, ou, au plus tard, dans celui d'octobre.

2. Les chanceliers impériaux et royaux transmettront, sans délais, ces demandes aux administrations communales des communes où existent des champs à cultiver en riz, en les invitant à faire mesurer, par un ingénieur ou un arpenteur approuvé, la distance précise de chacun de ces champs aux murs ou à la der-

nière maison d'habitation de la commune, ainsi qu'il est prescrit à l'article 4 du décret du 3 février 1809, en les prévenant que cette distance doit être prise de la commune la plus rapprochée du champ qu'on se propose de cultiver en riz.

3. L'ingénieur ou l'arpenteur devra, entre autres, indiquer sans faute dans l'acte à dresser,

1° La dénomination du champ et de ses attenants;

2° La qualité du terrain, s'il est ou non marécageux, et, dans ce dernier cas, s'il est ou non susceptible d'autre culture;

3° S'il existe ou non d'autres rizières dans son voisinage;

4° Enfin, la dérivation d'eau qui devra servir à son irrigation, et si son cours et ses filtrations peuvent nuire, ou non, à la salubrité des eaux potables, tant pour les hommes que pour les animaux, de même que si ces eaux d'arrosage sont ou non susceptibles de rendre marécageuses les terres adjacentes.

Les dépenses de cette expertise seront supportées par le demandeur.

II.

NOTIFICATION GOUVERNEMENTALE DU 13 OCTOBRE 1825, RELATIVE AUX QUESTIONS POUR PERTURBATION DE POSSESSION.

Afin de pourvoir à ce que, dans toute question de perturbation de possession, et principalement en ce qui regarde les limites, les aqueducs et les travaux hydrauliques, en tant que ces questions appartiennent à la seule juridiction civile, les décisions du juge, telles que les prescrit le Code civil général, et, dans l'espèce, le 1er chapitre de la IIe partie, soient appliquées immédiatement, et sans qu'il soit besoin de longues procédures; dans l'intérêt de la défense de la possession menacée, S. M. impériale, royale et apostolique a daigné prendre la décision du 22 juin 1825, qui prescrit aux parties et aux juges les règles très-sommaires de procédure, dont la teneur suit :

1. Les questions de perturbation de possession sont de la compétence exclusive des prétures[1] rurales et urbaines, dans le ressort desquelles se trouve l'objet en litige.

2. Celui qui a souffert préjudice dans la possession d'une chose ou d'un droit, ou bien qui aura été illégi-

[1] La préture répond à peu près à notre justice de paix. Le titulaire de cette magistrature porte le nom de préteur.

timement privé de sa possession, doit de suite, ou au plus tard avant trente jours consécutifs à partir du jour où aura commencé la perturbation, réclamer l'assistance du juge et exposer avec précision sa requête. Passé ce délai, le possesseur qui se dit troublé dans sa possession doit recourir à l'action possessoire, en suivant les règles ordinaires.

3. Pour perturbation de possession, on procède verbalement et avec la plus grande célérité, et les actes peuvent avoir lieu même les jours fériés. La requête doit être présentée par écrit ou dictée au juge en protocole; dans le premier cas, on écrit sur le feuillet extérieur de cette requête: *Urgent, pour perturbation de possession.*

4. Dans les procédures pour perturbation de possession, l'intervention des avocats est prohibée.

5. Dans cette procédure sommaire, le juge, pour remplir les devoirs de sa charge, doit avoir présente et inculquer aux parties l'idée qu'il s'agit simplement de la recherche scrupuleuse et de la preuve matérielle de la dernière possession de fait, et du trouble y apporté; que son jugement ou sa décision ne peut être rendu hors des limites qui lui sont imposées, et qu'il doit se borner à protéger et à réintégrer le possesseur qui a été troublé. Celui qui entend acquérir une nouvelle possession, ou exercer un droit existant avant la possession, doit suivre la voie civile ordinaire. A cette dernière appartient encore la discussion sur le titre et sur

la bonne ou mauvaise foi de la possession, de même que sur les prétentions à indemnité, dans le cas où ces dernières ne seraient pas volontairement reconnues. En conséquence, le demandeur est astreint à déterminer avec précision sa demande, et chacune des parties doit faire, d'un manière distincte, ses déclarations sur les faits avancés par la partie adverse.

6. Le juge cite les deux parties à comparaître dans le plus bref délai possible, le jour même ou le suivant, s'il le croit utile, les prévenant de l'obligation dans laquelle elles se trouvent d'apporter tous les documents nécessaires et d'amener tous les témoins dont elles veulent se servir. En cas de contumace d'une des parties, on ajoute foi à l'assertion de la partie adverse et l'on juge en conséquence.

7. Lorsque, de la requête ressort l'utilité d'une descente sur les lieux, le juge peut immédiatement tenir sa première séance sur les lieux mêmes et y appeler les experts.

8. En cas de nouvelles constructions, de quelque nature qu'elles soient, ou d'autres ouvrages pour lesquels les articles 340, 341 et 342 [1] du Code civil ont prononcé défense de poursuivre jusqu'à l'issue de la pro-

[1] «340. Si le possesseur d'une chose immobilière, ou d'un droit réel, court le risque de recevoir préjudice dans ses droits, par la construction d'un nouvel édifice, d'un ouvrage hydraulique ou de tout autre, sans que l'entrepreneur de cette construction ait, vis-à-vis de lui, observé les formalités prescrites par le règlement judiciaire géné-

cédure, le juge, sur l'instance du demandeur, et par l'acte qui constate la demande, ordonne les dispositions nécessaires.

9. De même, dans les autres cas de péril urgent, le juge peut enjoindre au coupable présumé de s'abstenir, jusqu'à chose jugée, de toute action ou de tout changement dans l'objet qui donne lieu à procès, sous peine pour lui d'être frappé, s'il contrevenait à la défense, d'une amende ou de l'arrestation.

10. A l'effet d'empêcher des actes de violence, ou pour éviter un dommage irréparable, et particulièrement s'il n'est pas certain que la possession soit régulière, on peut, même la procédure étant entamée et avant qu'elle soit terminée, demander, et le juge accorder des mesures de conservation provisoire. A cette fin, le juge ou ordonne le séquestre, ainsi qu'il est dit article 347

ral, il a le droit de demander que la continuation des nouveaux travaux soit défendue par le juge qui doit, avec la plus grande promptitude, décider le cas.

« 341. Le juge ne doit pas permettre la continuation de l'œuvre avant le prononcé de la cause. Tant qu'elle est pendante, cette continuation ne doit s'accorder qu'en cas de péril manifeste et imminent. Si la partie qui fait exécuter l'œuvre fournit caution solvable et s'engage à remettre la chose dans son état premier et à supporter tout dommage, la partie qui demande la prohibition doit de son côté, et avant qu'il lui soit fait droit, fournir égale caution pour les conséquences de sa demande.

« 342. Les dispositions de l'article qui précède, relatives à la construction d'un nouvel édifice, doivent également s'appliquer à la démolition d'un vieil édifice, ou de tout autre ouvrage. »

du Code civil général[1], on défend aux deux parties de faire tout acte de possession, ou bien encore confie l'objet en litige à la partie qui fournit caution à son adversaire ou à celui qui, par d'autres motifs pris en considération aux termes de la jurisprudence, a un droit certain pour demander, à cet égard, la protection de la justice.

11. Si l'une des parties ne comparaît pas à l'audience indiquée, on admet comme vrai l'état de possession indiqué par la partie présente, et elle le conserve en vertu d'un jugement par contumace. Lorsque les deux parties sont en présence, le juge cherche à obtenir une transaction sur la question en débat, ou tout au moins une disposition temporaire, jusqu'à décision définitive. Si cette tentative échoue, on procède aux actes dans l'ordre prescrit, mais seulement sur la perturbation de possession.

12. Sans le consentement des parties, aucune prorogation n'est jamais accordée, à moins qu'un empêchement manifestement invincible ne se présente.

13. Sur les faits en litige, s'il est besoin, on entend d'*office* les témoins et experts, et procès-verbal en est

[1] « 347. Si l'on ne peut, sur le moment même, vérifier laquelle des parties se trouve en possession non vicieuse, et savoir à quels égards l'une ou l'autre a droit à l'assistance du juge, la chose en litige est confiée à la garde du juge ou d'un tiers, jusqu'à ce que le procès sur la possession soit terminé. »

. . . .

. . . .

dressé. C'est au juge à décider la qualité et le nombre des témoins ou experts qu'il faut entendre, et les questions qui doivent leur être adressées.

14. Les témoins et les experts ne prêtent pas serment; mais il leur est signifié que, pour fausse assertion ou vérité celée, ils deviennent responsables et soumis à punition. Dans cette procédure, aucune des parties n'est admise à prononcer le serment.

15. Les actes terminés, de suite et, s'il se peut, le jour même, la décision est rendue en forme de décret, relatant les motifs; elle est intimée sans délai aux deux parties. Cette décision fournit une preuve purement provisoire pour la dernière possession de fait, ou bien prononce, aux termes de la loi, une défense ou l'obligation de fournir caution. Elle n'empêche aucune des parties de poursuivre, pour obtenir, en suivant la marche ordinaire, ainsi qu'il est dit à l'article 5, un droit prévalant à la possession et tous les actes qui en dérivent.

16. Le recours au juge supérieur est permis seulement contre le décret définitif; il ne s'admet pas contre les mesures ou dispositions provisoires ou préjudicielles ordonnées dans le cours de la procédure; mais, après sentence définitive, qu'on joint au recours, il est réservé à chacune des parties de se pourvoir contre le préjudice qui en résulte ou peut en résulter.

17. Ce recours est présenté, par écrit, au juge de première instance, ou dicté verbalement en forme de protocole dans la huitaine. Passé ce délai, il est rejeté d'*of-*

fice. S'il est présenté dans le délai légal, le préteur transmet immédiatement au tribunal d'appel tous les actes, sans qu'il soit besoin de tenir séance pour les coordonner; il y joint en originaux, lorsque les parties n'en ont pas produit copies, tous les procès-verbaux des descentes sur les lieux et expertises, ainsi que de l'audition des témoins.

18. Est accordée sans délai à la partie gagnante l'exécution de la sentence de première instance, même avant l'expiration du terme pour le recours, et sans tenir compte du recours qui aurait été réellement fait. Il appartient au juge de première instance de décider si, malgré le recours au juge supérieur, les mesures et dispositions provisoires indiquées dans l'acte qui donne cours à la requête, ou ordonnées pendant la procédure (art. 2, 9 et 10), doivent cesser ou continuer, jusqu'à ce que le décret soit passé à l'état de jugement.

19. Si des actes il résulte des indices de transgression grave en matière de police ou de délit, le juge suit les prescriptions du Code pénal, et, en ce qui touche l'objet du procès, pour tout ce qui regarde la juridiction civile, il procède de suite d'après les règles ci-dessus établies.

III.

EXTRAIT DE LA CIRCULAIRE DU GOUVERNEMENT, DU 1er JUIN 1839, QUI A TRAIT À LA CULTURE DU RIZ.

Il est ordonné que la culture du riz, quelle qu'en soit la dénomination, qu'elle soit soumise à l'arrosage continu ou à l'irrigation discontinue, soit soumise aux dispositions du décret du 3 février 1809 (voir page 74).

IV.

EXTRAIT DE LA CIRCULAIRE DU GOUVERNEMENT DU 7 AOÛT 1839, RELATIVE À QUELQUES ARTICLES DU DÉCRET DU 6 MAI 1806.

. . . .

. . . .

A. L'administration publique s'étant réservé par l'article 48, relatif aux digues en terre établies le long des fleuves, de régler leur mode de construction et de faire exécuter les travaux par les autorités royales, appelées à surveiller les constructions publiques, déclare que cette même faculté existe par analogie, et à cause de la plus grande importance de l'objet, pour tous les ouvrages d'art, ordinairement plus dispendieux, qui seraient nécessités sur quelques points du cours d'une rivière ou d'un fleuve endigué ; en conséquence, l'exécution ou l'entretien de ces ouvrages ne pourrait, par aucun titre, être assuré à de simples particuliers.

B. Cependant, aux termes de l'article 49, des contributions étant exigées des intéressés pour payement de ces ouvrages, il est nécessaire de consulter préalablement les particuliers sur le mode de construction, sur les dépenses qui en résulteraient, et aussi sur la répartition de la quote-part mise à la charge des intéressés. L'autorité n'est pourtant pas astreinte à entrer en traité avec chaque propriétaire; elle se borne seulement à interpeller à ce sujet l'administration communale, surtout si les ouvrages à exécuter n'intéressent pas seulement les propriétaires des habitations voisines, mais s'ils importent à la commune entière. C'est l'administration communale qui doit répartir, entre les intéressés et les membres de la commune, la contribution imposée par l'autorité publique à chaque localité.

C. Pour éviter la fréquence de ces répartitions et tout ce qu'elles entraînent avec elles, on pourra, d'après l'esprit du paragraphe 50, fixer les contributions annuelles pour trois années et même plus.

D. Cette répartition, faite par l'administration communale entre les intéressés et les habitants, devra être portée à leur connaissance en temps utile, afin que chacun puisse opportunément faire sa réclamation.

. . . .

. . . .

DUCHÉ DE PARME,

PLAISANCE ET GUASTALLA.

LÉGISLATION PARMESANE.

EXTRAITS

DU CODE CIVIL DE PARME, ETC.

(Promulgué en 1820.)

LIVRE II.

DES BIENS ET DE LA PROPRIÉTÉ.

Ire PARTIE.

DES BIENS.

TITRE II.

DE LA DISTINCTION DES BIENS.

CHAPITRE Ier.

DES BIENS IMMEUBLES.

R. F.

. . . .

. . . .

376. Les conduites servant au cours des eaux des- 523.

[1] Les numéros placés en marge indiquent les articles correspondants du Code civil français. J'ai pensé qu'il valait mieux tomber dans quelques répétitions, que de ne pas faire connaître exactement et complétement chaque législation. J'ai donc donné, ici et ailleurs, des articles calqués sur ceux de notre Code, m'appliquant seulement à les traduire littéralement du texte italien.

tinées à l'usage d'une maison ou d'un autre héritage sont immeubles, et font partie du fonds même auquel elles sont annexées.

524. 381. Sont immeubles par l'objet auquel ils s'appliquent,

. . . .

Les servitudes;

. . . .

. . . .

TITRE II.

DES BIENS, RELATIVEMENT À CEUX QUI LES POSSÈDENT.

. . . .

. . . .

538, 539, 540, et 541. 397. Appartiennent à l'État : les routes par lui entretenues, les eaux des fleuves et rivières navigables, les forteresses avec leurs fossés et bastions, et généralement toutes les parties du territoire non susceptibles d'une propriété privée, les biens vacants, et ceux des personnes qui meurent sans héritier, ou dont les héritages sont abandonnés.

542. . . . .

399. Sont biens communaux ceux dont la propriété appartient à une commune, et le produit ou l'utilité aux individus qui la composent.

. . . .

. . . .

402. Les biens qui ne se rangent dans aucune des classes ci-dessus indiquées sont propriétés privées.

. . . .

. . . .

IIe PARTIE.

DE LA PROPRIÉTÉ.

TITRE UNIQUE.

DES DIVERSES ESPÈCES DE PROPRIÉTÉ.

. . . .

. . . .

410. Lorsqu'une source fournit l'eau nécessaire aux habitants d'une commune, ou village, ou bourgade, le cours n'en peut être détourné par le propriétaire; mais, si les habitants n'en ont pas acquis ou prescrit l'usage, il a droit à une indemnité. 643.

. . . .

. . . .

413. Les particuliers sont astreints à céder l'usage de leur propre fonds pour l'utilité du fonds d'autrui, mais seulement dans les cas déterminés au chapitre des servitudes.

. . . .

. . . .

CHAPITRE IV.

DES SERVITUDES, DE LEURS DIVERSES ESPÈCES ET DE LEUR ORIGINE.

637. **492.** La servitude est un droit établi, pour l'utilité d'un fonds, sur le fonds d'autrui, à l'effet d'en user ou d'empêcher que le propriétaire n'en use librement.

. . . .

688. **494.** Les servitudes sont *continues* ou *discontinues :*

Les servitudes continues sont celles dont l'exercice est ou peut être continu, sans qu'il soit besoin du fait actuel de l'homme. Tels sont les aqueducs [1], l'égout des toits, les vues et autres de la même espèce.

. . . .

689. **495.** Les servitudes sont *apparentes* ou *non apparentes :*

Les servitudes apparentes sont celles qui se manifestent par des ouvrages extérieurs, tels qu'une porte, une fenêtre, un aqueduc.

. . . .

496. Toutes les servitudes sont *affirmatives* ou *négatives :*

Les affirmatives consistent dans le droit d'user du fonds servant ou assujetti;

Les négatives dans celui d'empêcher le propriétaire du fonds servant d'en user librement.

. . . .

. . . .

[1] *Acquedotti.* Voir la note 1, page 11.

SECTION Ire.

Des servitudes qui dérivent de la situation des lieux.

498. Les fonds inférieurs sont assujettis, vis-à-vis de ceux qui sont plus élevés, à recevoir les eaux qui en découlent naturellement, sans le concours de l'homme. 640.

Le propriétaire inférieur ne peut établir aucun obstacle qui empêche cet écoulement.

Le propriétaire supérieur ne peut rien faire qui aggrave la servitude du fonds inférieur.

499. Celui dont le fonds est bordé par des eaux courantes, n'appartenant pas à l'État, peut, pendant que l'eau coule, s'en servir pour l'irrigation de sa propriété. 644.

Celui dont le fonds est traversé par cette eau, peut aussi s'en servir dans l'intervalle qu'elle y parcourt, mais avec l'obligation de la rendre, au sortir de ses terres, à son cours ordinaire.

Le tout, sauf les droits acquis par des tiers.

500. Si toutefois il survient quelque difficulté entre l'État, ou les particuliers propriétaires des eaux dont il vient d'être question dans l'article précédent, et les possesseurs des terres auxquelles ces eaux peuvent être utiles, le tribunal, dans ses décisions, conciliera l'intérêt de l'agriculture avec les égards dus à la propriété; dans tous les cas, les règlements particuliers et locaux sur le cours et l'usage des eaux doivent être observés. 645.

. . . .

. . . .

SECTION 2.

Des servitudes établies par la loi.

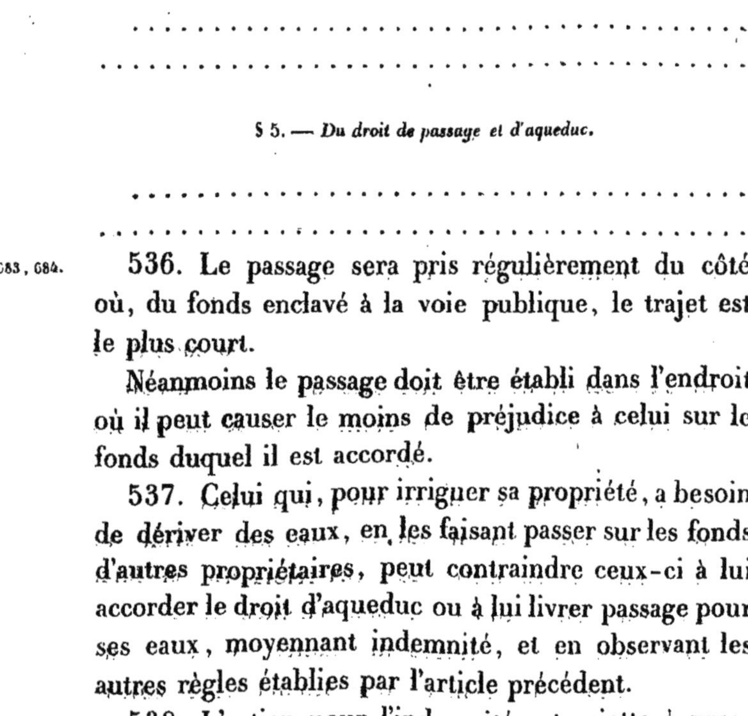

. . . .

. . . .

§ 5. — *Du droit de passage et d'aqueduc.*

. . . .

. . . .

683, 684. 536. Le passage sera pris régulièrement du côté où, du fonds enclavé à la voie publique, le trajet est le plus court.

Néanmoins le passage doit être établi dans l'endroit où il peut causer le moins de préjudice à celui sur le fonds duquel il est accordé.

537. Celui qui, pour irriguer sa propriété, a besoin de dériver des eaux, en les faisant passer sur les fonds d'autres propriétaires, peut contraindre ceux-ci à lui accorder le droit d'aqueduc ou à lui livrer passage pour ses eaux, moyennant indemnité, et en observant les autres règles établies par l'article précédent.

538. L'action pour l'indemnité est sujette à prescription; mais le droit de continuer le passage et l'aqueduc subsiste, lors même que l'action pour l'indemnité ne peut plus être exercée.

SECTION 3.

Des servitudes établies par le fait de l'homme.

. . . .

. . . .

540. Les servitudes continues et apparentes s'ac- 690.
quièrent par titre écrit ou par la possession de trente ans.

. . . .

541. Si la servitude est affirmative, la possession commence du jour où le propriétaire du fonds dominant a entrepris de faire usage du fonds servant; si elle est négative, la possession commence du jour de la prohibition faite par le propriétaire du fonds dominant au propriétaire du fonds servant, pour en empêcher le libre usage.

542. Lorsqu'il s'agit d'eau qui, du fonds supérieur ou d'une source qui y existe, coule sur le fonds inférieur, la construction d'ouvrages visibles, exécutés par le propriétaire du fonds inférieur sur l'héritage supérieur pour faciliter le cours de cette même eau sur le sien propre, équivaut à la prohibition dont il est fait mention dans l'article précédent.

. . . .

. . . .

SECTION 4.

Comment on doit faire usage du droit de servitude, et comment la servitude doit être supportée.

545. L'usage de la servitude est déterminé par les seuls besoins du fonds, si la servitude dérive de la position des lieux, des dispositions de la loi, où celle-ci ordonne et règle, de la teneur du titre ou du mode de possession, quand elle est constituée par le fait de l'homme.

697, 698. 546. Cependant le propriétaire du fonds dominant peut faire tous les ouvrages nécessaires pour l'usage et la conservation de la servitude; mais il doit disposer le temps et le mode des ouvrages qu'il veut exécuter, de manière à ce que le fonds servant n'éprouve que les inconvénients indispensables en semblables circonstances.

Les frais causés par ces ouvrages doivent être supportés par lui.

699. 547. Lors même que le propriétaire du fonds servant est tenu, par titre, à faire les dépenses nécessaires à l'usage ou à la conservation de la servitude, il peut toujours s'en libérer, en abandonnant le fonds servant au propriétaire du fonds dominant.

700. 548. Si le fonds au profit duquel a été établie une servitude vient à être partagé, la servitude est due à chaque portion, sans cependant que la condition du fonds servant puisse en être aggravée.

Ainsi, par exemple, s'il s'agit d'un droit de passage,

tous les copropriétaires ont le droit d'en user par le même endroit.

549. Le propriétaire du fonds servant ne peut rien 701.
faire qui tende à diminuer l'usage de la servitude ou à le rendre plus incommode.

En conséquence, il ne peut changer l'état des lieux, ni transporter l'exercice de la servitude sur un point autre que celui où dans l'origine il a été établi.

550. Lorsque le mode et les conditions de la servitude ne sont pas clairement indiqués dans l'acte qui la constitue, chacune des parties peut contraindre l'autre à les déterminer.

551. Si l'exercice primitif d'une servitude devient, 701.
par la suite, plus onéreux au propriétaire du fonds servant, ou l'empêche d'y faire des améliorations, il peut offrir au propriétaire dominant un endroit également commode pour l'exercice de ses droits, et celui-ci ne peut s'y refuser.

552. Les servitudes cessent lorsque les choses se 703.
trouvent dans un état tel que l'usage n'en est plus possible.

553. Elles revivent si les choses sont rétablies de 704.
telle sorte que l'usage primitif puisse avoir lieu, et cela, malgré le temps écoulé.

554. Les servitudes s'éteignent lorsque les fonds 705.
dominant et servant sont réunis dans la même main.

555. Les servitudes s'éteignent aussi par le non- 706.
usage durant un temps déterminé par la loi.

Celui qui, de cette manière, acquiert la libération de son fonds n'a besoin ni de juste titre, ni de prouver la bonne foi.

707. 556. Ce temps, pour les servitudes continues, est de dix années entre individus présents, et de vingt années lorsqu'il est des absents; . . . .

. . . .

557. Les termes ci-dessus indiqués commencent, pour les servitudes affirmatives, du jour de leur non-exercice, et, pour les servitudes négatives, du jour dans lequel le propriétaire du fonds servant a fait un acte contraire à la servitude.

708. 558. Le mode de servitude est sujet à prescription, comme la servitude elle-même, et de la même manière.

. . . .

. . . .

GRAND-DUCHÉ DE HESSE.

LÉGISLATION

DU

GRAND-DUCHÉ DE HESSE.

LOI SUR LA CULTURE DES PRAIRIES[1].

(Promulguée en 1830.)

CHAPITRE Ier.

DE LA CESSION OU DE LA RESTRICTION DE LA PROPRIÉTÉ, RELATIVE À L'AMÉLIORATION DES PRAIRIES.

1. Lorsque, pour l'amélioration d'un canton de prés, les parties intéressées ne s'entendent pas amiablement sur la cession ou l'échange d'un immeuble, sur la résolution ou la restriction d'un droit, ou sur l'exécution des travaux nécessaires pour amener, détourner et partager l'eau, la loi autorise l'expropriation, qui sera ordonnée et réglée par une décision rendue dans les formes prescrites par la présente loi, et après le payement d'une juste indemnité.

[1] Traduction de M. Kauffmann, membre du conseil général du Bas-Rhin, juge au tribunal de première instance de Saverne, président du Comice agricole de la même ville.

CHAPITRE II.

DES PROJETS D'AMÉLIORATION QUI SONT SOUMIS À LA DÉCISION DU GOUVERNEMENT.

2. Lorsque la propriété dont la cession est demandée, ne fait pas partie du canton de prés dont l'amélioration est projetée;

Que les constructions hydrauliques et autres, aqueducs ou étangs qui doivent être cédés, échangés ou détruits, ne sont pas destinés à l'irrigation ou au desséchement de ces prairies;

Que des aqueducs, roues à godet, constructions de tout genre ou étangs, doivent être établis en dehors de ce canton;

Que l'eau destinée à l'irrigation des prairies, ou qui doit être détournée des rivières, ruisseaux, fossés ou étangs, a sa source et son cours dans un autre canton;

Enfin, lorsque les droits privés qui grèvent ce canton, et qui doivent être cédés ou restreints, reposent sur des titres légaux,

Il sera procédé de la manière prescrite par les articles 3 et suivants jusqu'à l'article 28 inclusivement.

3. Les projets d'amélioration fondés sur l'un ou l'autre des cas prévus par l'article précédent, qu'ils soient présentés au Gouvernement par une administration ou par une personne privée, sont examinés suivant les règles ordinaires, et mis en état d'être exécutés, s'ils ne sont pas jugés inadmissibles.

4. Ces projets sont considérés comme imparfaits, s'ils ne contiennent,

1°. L'exposition précise du but qu'on se propose et des moyens pour y parvenir;

2° L'énumération des avantages et inconvénients qui en résulteront;

3° Les noms de toutes les personnes qui ont un intérêt direct ou opposé à l'exécution;

4° Le chiffre de l'indemnité qui doit être attribuée à chaque personne lésée.

5° Le devis de toutes les dépenses que l'exécution doit occasionner;

6° Les fonds disponibles pour faire face à ces indemnités et dépenses, ou l'échelle de répartition d'après laquelle chaque intéressé doit fournir son contingent.

5. Si une nouvelle étude du projet exige des dépenses que personne ne veut supporter volontairement, le Gouvernement ordonne que la proposition d'une nouvelle étude sera déposée dans un lieu public, pendant un délai de quatre semaines, pour que les parties intéressées puissent en prendre connaissance. Le commissaire délégué à cet effet fait publier dans quel lieu public le projet est déposé, et prévient les parties intéressées ou leurs mandataires légaux du jour fixé pour voter sur l'opportunité d'une nouvelle étude.

Cet avis est donné par écrit à chaque intéressé qui n'habite pas la commune où le projet est mis en dépôt, et mentionne la déchéance qui atteint quiconque s'abstient de voter.

Ces publications et avis, ainsi que tous les autres prescrits par cette loi, sont adressés au propriétaire de l'immeuble, à son fermier ou régisseur si le propriétaire est absent ou demeure à l'étranger, et, à défaut de ces personnes, au maire de la commune, qui est tenu de les transmettre au propriétaire, sans que les formalités ultérieures puissent en éprouver aucun retard.

6. Tous les propriétaires intéressés à l'exécution du projet ont droit de voter; les fermiers n'ont pas droit de suffrage.

Ceux qui ne votent pas au jour fixé sont présumés avoir donné leur consentement à une nouvelle étude du projet.

Après le vote, si les votants qui ont donné leur approbation à cette mesure, et ceux qui n'ont pas pris part au vote, possèdent la partie la plus considérable de la prairie dont l'amélioration est demandée, le commissaire déclare que la nouvelle étude aura lieu aux frais des parties.

7. Les frais de cette étude et des mesures ultérieures sont répartis d'après la contenance des portions de la prairie afférentes à chaque associé, si, lors du vote où l'exécution du projet a obtenu la majorité des voix, une décision spéciale n'a pas été prise à ce sujet.

8. Le projet d'amélioration présenté au Gouvernement, qui est jugé complet, ou dont l'étude com-

plémentaire a eu lieu, est déposé pendant quatre semaines dans un lieu public, pour que les parties intéressées puissent en prendre connaisance avant le vote définitif sur l'exécution.

En donnant avis de cette publication aux propriétaires ou à leurs représentants légaux, le commissaire du Gouvernement leur indique en même temps le jour du vote et, s'il y a lieu, celui où l'on devra procéder au choix d'un mandataire.

9. Les propriétaires désignés par l'article 6 ont seuls le droit de voter.

Les non votants sont présumés consentir à l'exécution du projet. Si les non votants réunis aux votants qui ont donné leur adhésion au projet, possèdent ensemble la plus grande partie de la prairie à améliorer, le commissaire du Gouvernement déclare que l'exécution du projet est décidée.

10. L'élection d'un mandataire et de deux suppléants déstinés à le remplacer, en cas d'empêchement, se fait immédiatement après l'acceptation du projet. Ceux qui votent sur le projet ont aussi droit de suffrage pour cette élection.

La majorité des voix est comptée d'après le nombre des votants.

La majorité relative suffit; si deux élus ont le même nombre de voix, le sort décide entre eux.

Si l'élection n'a pas eu de résultat, le commissaire du Gouvernement nomme le mandataire; il le choisit parmi les propriétaires qui possèdent les parcelles les plus considérables du fonds destiné à être irrigué.

Si le mandataire élu ou nommé se retire avant que les formalités prescrites soient accomplies, il est procédé à une nouvelle élection.

11. Le projet accepté par les propriétaires, ainsi que les autres pièces, est déposé pendant quatre semaines dans un lieu public, où les personnes qui ont un intérêt opposé peuvent en prendre connaissance.

Le commissaire du Gouvernement donne avis de ce dépôt à ces personnes ou à leurs représentants légaux, et fixe le jour où ils sont tenus de procéder à l'élection d'un mandataire.

L'observation des paragraphes 3 et 4 de l'article 5 de cette loi, est prescrite dans ce cas.

12. Au jour fixé, le commissaire du Gouvernement propose l'acceptation générale ou partielle du projet aux opposants. Les parties qui ont un intérêt commun et qui refusent d'accepter le projet, sont obligées d'élire un mandataire et deux suppléants pour le remplacer en cas d'empêchement.

Les règles tracées par l'article 10 sont applicables à cette élection; si elle n'a pas eu de résultat, le commissaire nomme le mandataire parmi les propriétaires qui possèdent la plus grande partie du fonds dont la cession est demandée.

13. Les mandataires élus par les parties, et les pro-

priétaires qui ne sont pas tenus de choisir un représentant, parce qu'ils ont un intérêt personnel et indépendant, ont les pouvoirs qui suivent :

1° Ils prennent connaissance des pièces en instruction.

2° Chacun d'eux peut nommer un homme de l'art, et faire des observations sur les travaux des experts.

3° Ils peuvent assister lorsque les experts prêtent serment, reçoivent communication des pièces, et sont conduits sur les lieux.

4° Ils sont autorisés à faire aux experts toutes les observations qu'ils jugent nécessaires pour la défense de l'intérêt qu'ils représentent.

5° Ils peuvent demander l'adjonction d'un homme de l'art à l'expert qui a été employé pour la confection du projet proposé : il n'est pas indispensable que cet homme de l'art soit au service de l'État.

6° Ils ont le droit de soumettre leurs observations au Gouvernement sur les conclusions des experts et la légalité des diverses opérations ; mais la prise en considération de ces observations n'a lieu que si elles sont déposées chez le commissaire, dans le délai de quinze jours après le dépôt du procès-verbal des experts.

7° Le recours au ministère de l'intérieur et le pourvoi en justice leur sont réservés. Ce pourvoi et le recours ne sont recevables que s'ils sont déposés dans le délai de quatre semaines, à partir du jour où la décision administrative a été rendue publique ; ils doivent mentionner les noms des parties intéressées qui ont donné leur assentiment au projet.

14. La nomination des experts se fait dans la quinzaine, à partir du jour où la publication a eu lieu. Cette publication mentionne la déchéance que l'expiration du délai fait encourir. Lorsque le mandataire, ou un opposant qui a un intérêt personnel laisse écouler ce délai, ou nomme un expert incapable, sans réparer cette erreur dans la huitaine qui suit, le commissaire nomme, dans ces deux cas, un homme de l'art.

Le tiers expert est toujours nommé, par le délégué de l'administration, sans l'intervention des mandataires.

15. L'expert nommé qui est empêché de s'occuper de sa mission, ou qui refuse de la remplir, sera remplacé par celui qui l'a désigné. Si c'est l'expert nommé par le mandataire des opposants ou par la partie qui a un intérêt personnel, le commissaire fixe un délai de quinze jours avant l'expiration duquel il devra être procédé à son remplacement.

16. Les experts incapables d'agir sont ceux qui ne peuvent déposer en justice et ceux qui ont intérêt, soit à l'exécution, soit à la non-exécution du projet d'amélioration.

17. Le mandataire ou la partie qui nomme un expert domicilié à plus de dix myriamètres du canton où l'opération doit avoir lieu, fait supporter à ceux qu'il représente l'augmentation des frais de déplacement.

18. Le commissaire du Gouvernement statue sur la capacité des experts nommés par les parties, et sur les récusations formées par l'une d'elles.

L'administration décide sur la récusation formée contre l'expert nommé par le commissaire du Gouvernement, lorsque ce fonctionnaire estime qu'elle n'est pas fondée; dans ces deux cas, les récusations ne sont recevables que dans la huitaine qui suit la publication de la nomination des experts. Les causes d'opposition connues après l'expiration de ce délai, et dont la justification est faite par écrit, sont présentées à la décision de l'administration dans la quinzaine fixée par le paragraphe 6 de l'article 13.

19. Le commissaire du Gouvernement reçoit le serment des experts, leur donne connaissance de la mission dont ils sont chargés et les conduit sur les lieux.

Les mandataires et les parties intéressées non représentées sont invités à assister à l'opération.

Les hommes de l'art dont l'adjonction a été consentie en vertu des paragraphes 5 de l'article 13, sont appelés aux mêmes fins. Le commissaire dresse procès-verbal de l'accomplissement de toutes ces formalités.

20. La mission des experts consiste à donner leur avis sur les chefs litigieux entre les parties intéressées. Si les opposants ont refusé de consentir à l'exécution du projet, les experts vérifient si l'amélioration projetée ne peut être exécutée que d'après le mode proposé, ou si, en procédant autrement, il en résulte une augmen-

tation de frais considérable, et enfin si les avantages que l'exécution du projet doit réaliser sont supérieurs aux inconvénients qui en seront la suite.

Dans tous les cas, ils s'expliquent sur la suffisance des indemnités offertes, à moins que les opposants n'aient consenti à les accepter. Dans le cas où l'expropriation aurait été prononcée, ils donnent leurs avis, toujours motivés, soit séparément, soit collectivement; un rapport écrit est fait par l'un d'eux, et au besoin par le commissaire du Gouvernement.

21. L'avis des experts est communiqué aux mandataires et aux parties intéressées non représentées.

Après l'expiration du délai fixé par le paragraphe 6 de l'article 13, l'administration prononce sur l'admission ou le rejet du projet, et, s'il est admis, sur l'indemnité due aux opposants.

Le chiffre de cette indemnité est fixé d'après les estimations des experts, et, si leurs avis diffèrent, d'après la moyenne de leurs évaluations.

La décision de l'administration, et, en cas de pourvoi, les décisions du ministère ou des tribunaux sont toujours motivées.

22. L'exécution du projet a lieu sous la surveillance du Gouvernement, ou des délégués nommés à cet effet.

23. Si l'un des opposants conteste la suffisance de l'indemnité qui lui est allouée, il est statué sur cette contestation par les tribunaux compétents, à la diligence

du mandataire des parties intéressées à l'exécution.

24. Le tribunal saisi peut ordonner une nouvelle expertise; mais il n'est pas tenu de suivre l'avis des experts.

Les juges auront égard aux prix de vente et des baux les plus récents des fonds expropriés, à la valeur des immeubles de même nature situés à proximité, à l'imposition à laquelle ils sont taxés, et enfin à la plus-value que ces biens ont obtenue, soit par des améliorations, soit par leur réunion avec d'autres propriétés. La valeur réelle, et non le prix de convenance, doit seule être prise en considération.

25. Le droit d'appel du jugement intervenu appartient à l'opposant, et aussi au mandataire des parties intéressées à l'exécution.

26. Ce mandataire, sans qu'il soit tenu d'attendre la décision des juges saisis de l'appel interjeté par la partie expropriée, peut exiger la cession de la propriété, l'extinction ou la restriction des droits des tiers dont l'indemnité se trouve réglée par l'administration.

27. L'acte qui sera signifié à la partie pour exiger cette cession, etc. contiendra la mention de l'offre réelle de la somme à laquelle l'indemnité est fixée, et, en cas de refus de la part de l'opposant, celle du dépôt de la somme dans la caisse publique des consignations.

L'acceptation ou le refus de ces offres, avec réserve de tous les droits, est sans influence sur la décision à intervenir.

28. Si la partie mise en demeure n'acquiesce pas à la demande dans un délai de quinzaine, le tribunal compétent prononce, dans les trois jours, à la requête du mandataire des demandeurs, l'envoi en possession du fonds exproprié.

CHAPITRE III.

DES PROJETS D'AMÉLIORATIONS SOUMIS À LA SEULE DÉCISION DES PROPRIÉTAIRES INTÉRESSÉS.

29. Le mode de procéder prescrit par les articles 30 et suivants jusqu'à l'article 36 inclusivement, est suivi, lorsque le projet d'exécution ne comprend aucun des cas prévus par l'article 2, lorsqu'il intéresse seulement les propriétaires des prés dont l'amélioration est demandée, et ne donne pas lieu à l'intervention de l'administration, mais qu'il est seulement soumis à son appréciation.

30. Les projets soumis à l'appréciation du Gouvernement sont modifiés, s'il y a lieu, par l'administration.

31. Le projet réputé complet doit contenir,

1° Un mémoire sur les moyens de l'amélioration;

2° L'énumération des avantages et des inconvénients qui doivent résulter de celle-ci;

3° L'indemnité à laquelle quelques propriétaires peuvent prétendre, tenant compte des avantages qu'ils en doivent retirer;

4° Le devis de tous les frais de l'entreprise;

5° Les noms des parties intéressées;

6° L'indication des ressources réalisées pour couvrir les dépenses et payer les indemnités, ou l'échelle de répartition d'après laquelle les propriétaires doivent concourir.

32. Dans le cas où personne ne veut supporter volontairement les dépenses nécessaires pour compléter l'étude du projet, il y est pourvu d'après les articles 5, 6 et 7.

33. Le projet d'amélioration soumis au Gouvernement, qui n'a pas eu besoin de rectification ou dont l'étude définitive est achevée, est déposé, pendant six semaines, dans un lieu public pour que les propriétaires puissent en prendre connaissance avant le jour où ils sont convoqués pour voter sur l'exécution de ce projet. Le lieu où il est déposé, ainsi que le jour fixé pour voter, est porté à la connaissance des parties intéressées par le commissaire du Gouvernement.

34. Tous les propriétaires ont droit de voter.

Ceux d'entre eux qui, au jour fixé, n'ont pas pris part au vote, sont réputés avoir donné leur consentement à l'exécution projetée.

Le commissaire déclare que l'exécution du projet a obtenu la majorité des voix, lorsque les non votants et ceux qui ont donné un suffrage affirmatif possèdent la plus grande partie du fonds dont l'amélioration est demandée.

35. L'exécution du plan approuvé aura lieu ainsi qu'il est ordonné par l'article 22 de la loi.

36. Si l'un des ayants droit à une indemnité forme opposition, à raison de l'insuffisance de la somme, le commissaire fait procéder au choix d'un mandataire, selon la prescription de l'article 10, et conformément aux articles 23 et suivants.

CHAPITRE IV.

DISPOSITIONS GÉNÉRALES.

37. Le commissaire du Gouvernement a pour mission de faciliter les transactions entre les diverses parties intéressées, lorsque les règles prescrites par les chapitres 2 et 3 de la présente loi sont dans le cas d'être appliquées.

38. Il fait consigner toute la somme due pour indemnité, avant que l'expropriation, quel que soit son objet, puisse être mise à exécution.

Lorsque les biens compris dans l'expropriation sont frappés d'hypothèque, ou qu'un tiers forme opposition à la délivrance de l'indemnité, la somme reste en consignation jusqu'à ce qu'il ait été statué par l'autorité judiciaire en présence de toutes les parties intéressées, qui sont appelées à cet effet.

39. Ceux qui ont un droit de parcours ou de toute autre servitude, interrompu seulement par l'exécution des travaux, ne peuvent pas y former opposition, mais ils peuvent demander une indemnité.

40. Dans les communes dont le territoire contient

une ou plusieurs prairies, appartenant chacune à plusieurs propriétaires, l'administration ordonne l'établissement de commissions, et publie, s'il y a lieu, un règlement pour l'amélioration et la surveillance de ces prés.

41. Ces commissions sont composées:

1° Du maire et de quelques membres du conseil municipal de la commune;

2° D'habitants propriétaires ou fermiers de prairies.

Le nombre des membres est fixé, par le Gouvernement, selon les besoins de chaque localité.

La moitié est élue par les électeurs communaux, l'autre moitié est nommée par l'administration. Ces fonctions honorifiques ne peuvent être refusées que pour des motifs sérieux, dont l'administration reste juge.

Les membres élus ou nommés ne peuvent se démettre de leurs fonctions qu'après dix années d'exercice. Les propriétaires non domiciliés dans la commune, qui possèdent au moins la douzième partie d'une prairie, peuvent proposer à l'administration un représentant, dont la nomination comme membre de la commission est de droit, si des motifs fondés n'y mettent empêchement.

42. Les membres de ces commissions sont tenus,

1° D'aviser à tous les moyens qui peuvent contribuer à l'amélioration et à la surveillance des prairies situées sur le territoire de la commune, et de faire des propositions à ce sujet;

2° D'émettre, le cas échéant, leur avis sur tout ce qui concerne la culture des prés;

3° De concourir activement à l'exécution des projets destinés à l'amélioration des prairies, de suivre les instructions et d'obéir aux délégations qui leur seront données par l'administration;

4° De surveiller la stricte exécution des règlements de police locaux sur l'amélioration des prés, et de constater les contraventions.

43. Les règlements de police locaux sont délibérés par les membres de la commission, sous la présidence d'un commissaire du Gouvernement; ils ne deviennent obligatoires que par l'approbation de l'administration.

Les peines de police ne peuvent excéder, pour une seule contravention, l'amende de trois francs, et, si les contrevenants sont insolvables, trois jours de prison.

ROYAUME DE PRUSSE.

LÉGISLATION PRUSSIENNE.

LOI SUR LES IRRIGATIONS[1].

(Promulgée en 1843.)

CHAPITRE Ier.

DE LA JOUISSANCE DES COURS D'EAU PRIVÉS.

1. Chaque riverain d'un cours d'eau privé (source, ruisseau, rivière ou étang à eau courante) peut s'en servir à son passage, pour son avantage personnel et sous les conditions prévues par les articles 13 et suivants de la présente loi, à moins que ce cours d'eau ne soit la propriété d'un tiers, ou que les lois provinciales, statuts locaux, ou des titres constituant des droits spéciaux ne motivent une exception.

Les lois rendues sur la jouissance de l'eau nécessaire au roulement des moulins et autres usines, sur les droits de pêche et de flottage, sont maintenues en tant que la présente n'y déroge.

[1] Traduction de M. Kauffmann.

2. Le droit de puiser de l'eau dans un cours d'eau privé et d'y abreuver le bétail appartient à chacun, lorsque des places publiques ou des chemins en bordent le rivage.

3. L'eau qui a servi à l'usage des ateliers de teinture, tanneries, fouleries et autres établissements, ne peut être déversée dans un cours d'eau, si la pureté de l'eau nécessaire aux besoins de la contrée en est diminuée, où s'il en résulte un autre inconvénient.

L'autorité chargée de la police statue en cas de contestation.

4. Il est défendu de jeter et de déposer des pierres, de la terre et d'autres matériaux dans le lit des cours d'eau ; cependant, si l'on ne peut se dispenser de recourir à ces opérations, l'administration les autorise pourvu que le libre écoulement des eaux n'en soit pas empêché, et que les inconvénients prévus par l'article 3 n'en résultent pas.

5. L'autorisation de conduire du sable et de la terre dans le lit des cours d'eau, ou de les en extraire pour faciliter le nivellement des prairies, est accordée seulement si le flottage et la navigation dans les rivières qui font partie du domaine public, et si les riverains inférieurs n'en éprouvent pas de préjudice.

6. L'établissement d'un routoir peut être défendu, si l'insalubrité ou les inconvénients prévus par l'article 4 en sont la conséquence.

7. S'il n'y a coutume ou titre contraire, le curage des

cours d'eau est à la charge des riverains. L'administration prescrit cette opération, lorsqu'elle la juge nécessaire, et, en cas de contestation, le curage est provisoirement exécuté par les riverains, jusqu'à décision contraire.

8. Les propriétaires d'un cours d'eau, les riverains, ceux qui jouissent d'un droit d'irrigation ou de dérivation, ne sont tenus de souffrir le flottage que s'il y a décision administrative.

9. Si cette décision intervient, les propriétaires ainsi que les riverains sont obligés de permettre le flottage, d'abandonner la jouissance de la partie des rives désignée par la police pour jeter et retirer les bois, et de permettre la circulation sur les bords de l'eau, lorsque la surveillance et le flottage du bois l'exigent. Les propriétaires de barrages doivent ouvrir leurs vannes pour le passage des flottes ou radeaux.

Le préjudice résultant de ce flottage, soit par l'encombrement du lit de la rivière, soit par le dommage causé aux rives et prises d'eau, donne lieu à une indemnité qui reste à la charge de l'État.

10. La largeur du chemin nécessaire au flottage, les règles à observer pendant la durée de ce dernier, la hauteur des eaux et le montant de la contribution sont fixés par des arrêtés ministériels.

11. La contribution prélevée pour l'exercice du flottage a pour base la quantité du bois flotté; elle ne dépassera jamais la somme à laquelle l'indemnité

due aux propriétaires et les frais de surveillance et de perception peuvent s'élever.

12. Lorsque les lois provinciales, les statuts locaux ou les coutumes ne défendent pas le flottage sur un cours d'eau privé, son exercice est soumis à la surveillance de la police. Les dispositions prévues par l'article 10 peuvent être prescrites par des règlements spéciaux; si ces dispositions imposent de nouvelles charges aux propriétaires, ils ont droit à une indemnité en conformité de l'article 9.

Le droit de mettre un impôt sur le flottage, ou d'élever la contribution existante ne peut s'exercer qu'avec l'approbation du ministre.

CHAPITRE II.

DISPOSITIONS SPÉCIALES RELATIVES AUX DROITS DES RIVERAINS.

13. Le droit qui appartient à chaque riverain de jouir de l'eau courante à son passage, est limité par les règles qui suivent :

1° Ce riverain ne peut pas faire refluer les eaux au delà des bornes de son héritage ni inonder les propriétés voisines.

2° L'eau détournée doit être rendue au cours d'eau à la sortie du fonds du riverain.

Les propriétés de plusieurs riverains qui se sont entendus pour l'exercice de ce droit, sont considérées comme formant une seule pièce et elles sont soumises aux mêmes obligations.

14. Si les héritages des deux rives appartiennent à des propriétaires différents, chaque riverain a le droit de jouir de la moitié des eaux.

15. Le riverain peut concéder à un tiers son droit de jouissance des eaux; les règles relatives à cette jouissance sont applicables au cessionnaire.

16. Les propriétaires des moulins et usines établis avec autorisation de l'autorité, et qui existeront au moment de la publication de la présente loi, ont le droit, mais seulement dans les cas suivants, de former opposition à l'exécution des travaux que le riverain, en conformité des articles 1er et 13, entreprend pour tirer parti des eaux:

1° Lorsque le volume d'eau concédé par un titre, soit qu'il s'agisse de la totalité ou d'une partie déterminée, éprouve une diminution;

2° Lorsque l'eau dérivée pour l'irrigation met obstacle au roulement de l'usine.

Quiconque, à l'avenir, sans une autorisation spéciale donnée à cet effet, établira ou agrandira une usine, sera privé du droit de se pourvoir en opposition.

17. Celui qui a un droit de pêche ne peut s'opposer à l'exécution des travaux d'irrigation; mais, s'il éprouve un préjudice, il lui est dû une indemnité,

18. Le riverain peut exécuter des travaux d'irrigation sans autorisation préalable.

Il réclame l'intervention de l'administration, s'il veut avoir connaissance des oppositions et des demandes en indemnité auxquelles peuvent donner lieu :

1° Les travaux projetés ou exécutés, et la dérivation de l'eau nécessaire aux irrigations;

2° La cession ou la restriction du droit d'un tiers exigée, l'exécution de travaux nécessaires à une nouvelle prise d'eau ou à la conservation de celle existante.

19. Lorsque, en conformité de l'article 18, cette intervention est demandée, le projet d'irrigation, ainsi que le plan des lieux et des nivellements, sont rendus publics, et déposés chez le juge de paix du canton dans lequel le fonds destiné à l'irrigation est situé.

Si ce fonds s'étend sur plusieurs cantons, l'administration désigne le juge qui doit diriger la procédure d'expropriation.

20. Publication de ce projet et du dépôt est faite, à trois reprises, dans les feuilles publiques des districts traversés par le cours d'eau, et dans lesquels les travaux doivent être exécutés. Elle mentionne le prétoire du juge où le plan est déposé, et invite ceux qui ont à faire valoir une opposition ou une demande en indemnité à en donner connaissance au juge de paix, dans les trois mois à partir du jour où la première publication a eu lieu.

Cette publication rappelle, en outre, que les parties intéressées qui laissent écouler ce délai sont déchues, lorsqu'il s'agit de la dérivation de l'eau nécessaire à l'irrigation, du droit de former opposition et de demander une indemnité, et, lorsqu'il s'agit de la cession d'un terrain, qu'elles ne peuvent s'opposer à l'exécution, et que leur droit se réduit alors à une action en indemnité.

21. Après l'expiration du délai fixé par l'article 20, les pièces sont remises à l'administration, qui, lorsque les formalités prescrites sont remplies, prend un arrêté par lequel elle réserve les droits de ceux qui ont fait leurs réclamations en temps utile, et prononce la déchéance des autres ayants droit. Nul ne peut être relevé de cette déchéance. Une expédition de cet arrêté est fournie aux demandeurs, qui supportent les frais de cette procédure.

22. Si le titre relatif à la jouissance des eaux est contesté, les autorités compétentes statuent.

23. Dans le cas prévu par l'article 22, et notamment s'il y a contestation sur ce fait, que, par l'établissement projeté, le volume d'eau nécessaire au roulement d'une usine existante à l'époque de la promulgation de la loi doit être diminué, l'administration décide.

Le pourvoi au ministre de l'intérieur, contre cette décision, est réservé aux parties. Il doit être formé, sous peine de déchéance, dans les six semaines qui suivent la publication de la décision.

24. Dans le cas prévu par l'article 18, paragraphe 2, l'intervention de l'administration ne peut être deman-

dée que si l'amélioration projetée présente un avantage notable, et si le demandeur s'oblige à payer une juste indemnité.

25. Si les conditions prescrites par l'article 24 sont remplies, le riverain peut demander,

1° A titre de servitude légale, l'exécution sur le fonds d'autrui, des travaux nécessaires à l'irrigation, lorsque les ouvrages ne peuvent être établis sur son héritage;

2° La jouissance de la rive opposée pour la construction et l'appui d'un barrage;

3° L'affranchissement de l'obligation prescrite par l'article 13, paragraphe 1er;

4° La restriction du droit de prise d'eau qui appartient au propriétaire d'une usine.

Dans le cas prévu par le paragraphe 1er du présent article, le propriétaire qui ne veut pas souffrir une servitude sur son fonds peut exiger que la partie du terrain nécessaire aux travaux d'irrigation soit achetée par le demandeur, qui est tenu de l'acquérir. Ce droit ne peut être exercé, par le propriétaire, que dans les trois mois à partir du jour où il a eu connaissance de la demande du riverain.

26. Dans le cas prévu par le paragraphe 2 de l'article 25, le propriétaire de la rive opposée peut opter, ou pour une juste indemnité, ou pour la jouissance de la moitié des eaux; s'il opte pour l'indemnité, ou s'il ne fait pas de déclaration dans le délai de trois mois, il perd son droit à la jouissance de l'eau; dans le cas

contraire, il est tenu de payer la moitié des frais de construction du barrage.

27. Dans les cas prévus par les articles 24 et 25, l'administration décide si la cession ou la restriction d'un droit est obligatoire, et sous quelles conditions elle doit être faite. Les règles tracées par l'article 23 sont applicables à cette décision.

28. La décision de l'administration est nécessaire lorsque la demande de la cession ou de la restriction d'un droit est plus étendue que l'expropriation autorisée par l'article 25.

29. Les demandes autorisées par l'article 18, paragraphe 2, sont adressées à l'administration avec un plan des lieux et des nivellements, et un rapport d'un homme de l'art; elles doivent contenir la déclaration que le demandeur est prêt à supporter les frais de toutes les mesures que l'autorité jugera nécessaires, et à payer une indemnité aux parties à exproprier.

30. L'administration, saisie d'une pareille demande, nomme, si le projet lui paraît admissible, des commissaires pour faire l'enquête sur les lieux, en présence du juge de paix du canton.

31. Les parties intéressées étant présentes, les commissaires examinent si une amélioration notable dans la culture des prés doit résulter de l'adoption du projet, et, s'ils sont d'avis qu'il y a lieu de l'admettre, ils vérifient les autres faits indiqués dans la demande, ainsi que le mérite des oppositions.

32. Lorsque, pour la dérivation des eaux, le riverain demande leur passage surun fonds appartenant à autrui, les commissaires vérifient si le passage est nécessaire et sur quelle étendue il doit être pratiqué, s'il y a lieu de construire des ponts, des clôtures, etc., et si ceux existants, doivent être conservés, pour garantir le propriétaire de tous dommages sur la partie du fonds qui reste en sa possession.

33. Lorsque le riverain demande à appuyer un barrage sur la rive opposée, les commissaires désignent le lieu le moins dommageable et le plus convenable à l'entreprise projetée.

34. Lorsqu'il s'agit de restreindre le droit de jouissance des eaux qui compète à des propriétaires d'usines, les commissaires examinent quelle doit être, pour assurer le succès de l'entreprise, l'étendue de cette restriction.

35. Si la prise d'eau projetée a pour conséquence d'enlever, à une usine, dans l'état où elle se trouve, une partie de l'eau nécessaire à son roulement, les commissaires sont tenus de prendre pour règle, que l'usinier ne peut jamais être forcé de consentir au changement des machines intérieures de son établissement, mais seulement à une construction plus rationnelle des barrages, vannes et coursiers.

La possibilité d'une construction plus rationnelle est vérifiée par les commissaires, qui émettent leur avis à cet effet. Les frais de cette construction, ainsi que la portion des dépenses d'entretien excédant ce que celles-ci étaient antérieurement, sont à la charge des riverains qui en profitent. Si, par suite de ce changement, ces dépenses d'entretien sont plus considérables qu'autrefois, cette portion des frais sera convertie en une rente annuelle, payable au propriétaire de l'usine.

36. Les commissaires peuvent ordonner toutes les mesures qu'ils jugent utiles à l'entier accomplissement de leur mission. Si ces travaux préparatoires ne peuvent être faits sans passer sur le fonds d'autrui, les propriétaires sont obligés de souffrir ce passage, moyennant indemnité pour le dommage causé.

37. Les commissaires ont aussi pour mission de faciliter, entre les parties, sur tous les sujets contentieux, les conventions amiables.

38. Ils rédigent un projet pour l'exécution et l'exercice de la prise d'eau, le soumettent aux observations des parties, et l'adressent enfin à l'administration, avec un rapport qui fait mention spéciale de tous les chefs de contestation.

39. Ce projet contient tous les renseignements qui intéressent l'utilité générale et l'intérêt privé, ainsi que l'indication des mesures nécessaires à la surveillance des travaux d'irrigation.

40. L'administration, en tenant compte des motifs énoncés par les commissaires, décide de l'admission du projet et de la pertinence des griefs articulés : elle indique les travaux qui sont à exécuter pour l'irri-

gation, ainsi que le mode de jouissance de la prise d'eau.

41. La décision fixe le délai dans lequel le projet doit être exécuté par les riverains, sous peine de nullité pour toutes les opérations terminées.

42. La décision ainsi que le projet des commissaires sont portés à la connaissance des parties intéressées; chacune d'elles peut se pourvoir d'après les règles prescrites par les articles 23 et 27.

43. Après la décision définitive sur la cession ou la restriction d'un droit, l'administration fait estimer, en présence des parties intéressées, et par trois experts qu'elle désigne à cet effet, l'indemnité qui est due, et la fixe définitivement par un arrêté, en ajoutant 25 pour cent au chiffre de cette estimation; cet arrêté est notifié aux parties intéressées. Les frais d'expertise sont à la charge des riverains qui profitent de la mesure adoptée.

44. La partie qui, ayant droit à l'indemnité, n'est pas satisfaite de la somme fixée, y compris le quart en sus, a un délai de six semaines, à partir du jour de la notification de l'arrêté, pour se pourvoir en appel. L'autorité supérieure saisie fixe définitivement l'indemnité, après avoir vérifié l'estimation des experts et pris au besoin d'autres bases; cette fixation ne donne ouverture à aucun autre pourvoi. L'appel fait perdre tout droit à l'addition de 25 pour cent, et l'autorité qui décide ne doit établir que le chiffre vrai du dommage causé.

Le droit d'appeler n'appartient jamais aux riverains.

45. Le prix demandé pour indemnité est indiqué dans l'acte d'appel par un chiffre déterminé.

Si l'indemnité fixée n'est pas plus élevée que la somme déterminée d'abord par l'administration, y compris l'augmentation du quart en sus, les frais d'appel restent à la charge de l'appelant.

Si l'appelant obtient toute la somme qu'il a demandée, ces frais sont supportés par les riverains. Si la totalité de cette somme n'est pas allouée à l'appelant, et si cependant l'indemnité est supérieure au chiffre indiqué d'abord par l'administration, les dépens sont compensés, par égale part, entre les deux parties.

46. Après la fixation définitive de l'indemnité, le demandeur peut renoncer au projet, en prenant à sa charge tous les frais que l'appelant aurait à supporter.

47. La perception et le payement de l'indemnité sont opérés par les agents de l'administration.

48. Tous les actes faits en conformité des articles 18, 43 et 47, sont dispensés du timbre et de l'enregistrement.

Les déboursés seuls sont portés en compte.

Les droits sont dus dans les cas prévus par les articles 22 et 44.

49. L'exécution des travaux ne peut commencer qu'après le payement ou la consignation de la somme due pour indemnité; s'il y a appel, l'administration

peut autoriser l'exécution, mais seulement dans le cas où le demandeur fournit caution pour l'indemnité fixée par qui de droit.

50. Lorsque l'opposition, fondée sur un titre, donne lieu à une contestation judiciaire, l'exécution de l'entreprise peut être également autorisée par l'administration, si le riverain ou le concessionnaire offre caution.

L'administration statue sur la réception de la caution, après avoir entendu l'opposant.

51. Dans le cas prévu par l'article 50, le riverain ou concessionnaire peut exiger que l'indemnité due à l'opposant soit fixée d'après les règles prescrites par l'article 43.

52. Cet article est aussi applicable au règlement de l'indemnité due à ceux qui ont un droit de pêche.

L'exécution des travaux ne dépend jamais de la fixation de cette dernière indemnité.

CHAPITRE III.

ASSOCIATIONS POUR DES TRAVAUX D'IRRIGATION.

53. Lorsque les travaux nécessaires à l'utile emploi des eaux profitent à tout un canton, et qu'ils ne peuvent être exécutés et entretenus que par un concours commun, les parties intéressées peuvent être obligées à l'exécution et à l'entretien des travaux nécessaires : elles sont, dans ce cas, réunies par une ordonnance royale en une association particulière.

54. Après avoir entendu les parties intéressées en leurs observations, l'administration fixe le règlement de l'association et détermine,

1° L'étendue de l'entreprise commune et la base d'après laquelle il y a lieu de procéder;

2° La répartition des sommes et des prestations nécessaires à l'exécution et à l'entretien de la prise d'eau, dans la proportion des avantages qu'en doit retirer chaque intéressé;

3° Les règles particulières à chaque association.

Lorsque, d'un commun accord entre tous les intéressés, une association s'est formée, le ministre de l'intérieur peut approuver ses statuts sans les modifier, et consentir immédiatement à leur mise à exécution.

55. Le ministre de l'intérieur adresse, à l'administration, des indications plus précises sur la formation et le règlement de pareilles associations.

56. Les associations qui, avant la promulgation de la présente loi, existaient avec l'autorisation de l'administration, continueront de se conformer à leurs statuts, tant que, par les voies légales, il ne sera pas procédé à leur révision.

ROYAUME
DE WURTEMBERG.

LÉGISLATION
WURTEMBERGEOISE.

PROJET DE LOI

SUR

LES IRRIGATIONS ET LES DESSÉCHEMENTS.

CHAPITRE Ier.

DISPOSITIONS GÉNÉRALES.

Art. 1er. Des travaux d'art peuvent être établis, sur les bords ou dans le lit des eaux courantes, pour la mise en pratique des irrigations ou des desséchements. L'établissement de pareils travaux, ainsi que les changements à faire à ceux existants, sont soumis à l'examen préalable de l'autorité, et aux mesures qu'elle prescrit pour leur exécution.

2. Si les travaux nécessaires aux irrigations ou aux desséchements ne peuvent être exécutés d'une manière profitable, qu'en étendant ces irrigations ou ces desséchements sur des terrains appartenant à plusieurs propriétaires, et si le consentement de tous n'est pas ob-

tenu par la voie amiable, les opposants peuvent être, dans les cas suivants, contraints à prendre part aux dépenses et aux travaux :

1° Lorsque les propriétaires des deux tiers de la surface à irriguer ou à dessécher, demandent l'exécution de l'entreprise ;

2° Lorsque, de l'avis de l'administration, un avantage incontestable en sera la conséquence.

3. Lorsqu'un projet d'irrigation ou de desséchement n'est exécutable qu'en accomplissant une ou plusieurs des trois conditions suivantes :

1° En acquérant la propriété d'un tiers ;

2° En grevant d'une servitude cette même propriété ;

3° En privant un tiers d'un droit de prise d'eau, ou au moins en restreignant ce droit ;

Les intéressés peuvent, en vertu de l'article 30 de la Charte, si toutefois un avantage incontestable doit être le résultat de l'entreprise, demander que, moyennant une juste et préalable indemnité, l'expropriation de la propriété, de la servitude ou du droit entier, ou même de partie du droit, soit prononcée.

4. Les conseils municipaux sont autorisés à proposer les travaux d'irrigation ou de desséchement destinés à améliorer certains quartiers de leurs territoires, à demander l'intervention et l'appui de l'administration supérieure, et à avancer, sur les fonds de la commune, les frais nécessaires aux études préalables de ces entre-

prises, mais seulement après une délibération approuvée, et sous la réserve de la demande en restitution contre les propriétaires des cantons améliorés.

5. Le droit de proposition pour des travaux de cette nature, et celui de recours à l'administration, appartiennent aussi à chaque copropriétaire du terrain qu'il s'agit d'arroser ou de dessécher; mais, pour user de ces droits, il faut qu'il constitue une caution, et qu'il s'oblige à supporter les frais des études préparatoires, sauf son recours en restitution contre toutes les autres parties intéressées.

6. Si les propriétaires des deux tiers au moins des fonds à améliorer, après avoir été mis en demeure de prendre communication des plans et devis, et après les enquêtes prescrites (art. 25 et 26), demandent l'exécution de l'entreprise, les travaux ultérieurs deviennent une affaire commune à tous les intéressés, et ceux-ci forment alors une association pour cet objet.

Si le nombre des propriétaires dépasse le chiffre de six, les intéressés choisissent, non-seulement un président et un vice-président, mais encore deux mandataires.

Les réunions de l'association sont dirigées par le président, et les décisions sont prises à la majorité relative des voix, calculées d'après la contenance des parcelles que chaque votant possède dans le fonds à améliorer.

7. Lorsque l'amélioration projetée est devenue chose

décidée, commune à tous les propriétaires d'un même canton, et que l'association est organisée, ils ont non-seulement à supporter, en commun, les frais des travaux préparatoires qui restent à faire, mais encore à rembourser les dépenses qui déjà ont été faites, sauf toutefois une modération de ces mêmes dépenses, opérée par l'administration du district.

8. Si les intéressés ne peuvent pas tomber d'accord à l'égard de la répartition des frais à faire pour la préparation, l'exécution et l'entretien de l'objet de l'entreprise, cette répartition est opérée par l'administration, qui prend pour base les avantages que chaque associé doit retirer de l'ensemble des travaux.

9. Les frais dus par le propriétaire, qui est hors d'état de les acquitter, sont avancés par la commune dont le territoire comprend la parcelle qu'il possède. Cette avance sera remboursée dans un laps de temps qui n'excédera pas vingt ans, avec intérêt à raison de quatre pour cent par an; cette créance est privilégiée sur l'immeuble amélioré.

10. Ce même privilége compète à l'association, pour les frais d'entretien auxquels est assujetti chaque associé.

11. Lorsque le quartier dont l'irrigation ou le desséchement est demandé s'étend sur le territoire de plusieurs communes, cette extension n'est pas un obstacle à l'exécution de l'entreprise.

12. Les terrains nouvellement irrigués ou desséchés ne sont pas assujettis à l'impôt.

CHAPITRE II.

DES IRRIGATIONS.

SECTION PREMIÈRE.

DE LA JOUISSANCE DE L'EAU COURANTE POUR LES IRRIGATIONS.

13. Les propriétaires de prairies situées sur le bord ou dans le voisinage d'une eau courante, sont autorisés à se servir de celle-ci, pour l'irrigation de leur propriété, lorsque cette irrigation ne porte pas préjudice à autrui, non plus qu'à la navigation, au flottage et au droit de jouissance des meuniers ou d'autres usiniers.

14. Les meuniers et usiniers sont tenus d'abandonner à l'irrigation toute la masse d'eau qui parcourt le lit de la rivière, depuis le samedi de chaque semaine, six heures du soir, jusqu'à la même heure du dimanche, à moins que les ayants droit n'aient un titre qui leur attribue une jouissance plus étendue; il n'est dérogé à cette règle que s'il y a manque d'eau, et encore seulement pour les moulins à farine. Dans ce cas spécial, les propriétaires de prairies se conforment à la décision qui leur est signifiée par l'autorité supérieure.

15. Afin de reconnaître la masse d'eau courante qui peut être employée à l'irrigation, la quantité d'eau qui compète aux propriétaires de moulins et d'autres usines, est déterminée, au moyen de repères, par des hommes de l'art.

Cette opération se fait aux frais des propriétaires qui veulent entreprendre l'irrigation.

16. Les travaux d'irrigation doivent être exécutés de telle manière qu'on ne puisse en abuser, soit par l'emploi inutile de l'eau, soit par des usurpations sur les droits de jouissance des usiniers; les prises d'eau sont garnies de vannes mobiles.

Lorsque le volume d'eau nécessaire à une irrigation, ne peut être obtenu ou complété que par des travaux d'art qui remédient à la mauvaise construction des barrages, coursiers, vannes, roues, etc., les usiniers sont tenus de souffrir ces améliorations, dont les frais sont, dans ce cas, supportés par les propriétaires irriguants.

17. Sont seuls permis, pour l'irrigation, les barrages qui ne mettent pas obstacle à la navigation et au flottage, et qui, dans les grandes eaux, permettent leur libre écoulement. Les ouvrages ne doivent pas non plus entraver la circulation sur les chemins de halage, et leur enlèvement doit, au besoin, s'opérer facilement. La hauteur du barrage est indiquée par un repère.

18. Se font toujours aux frais des irriguants, l'ouverture des barrages et l'enlèvement momentané des autres ouvrages, lorsqu'ils sont nécessités par les besoins de la navigation et du flottage.

19. Si l'eau nécessaire à l'irrigation est tirée d'un canal de dérivation ou d'un réservoir fermé par une digue, appartenant à des tiers, les frais d'entretien du

canal et de la digue sont supportés par les propriétaires irriguants, dans la proportion du profit ou des avantages qu'ils en retirent. La répartition de ces frais est, au besoin, opérée par l'administration.

20. Toute association constituée pour l'irrigation, est tenue de nommer un garde, payé par les intéressés, et qui doit être agréé par l'administration du district.

Ce garde est responsable de l'exécution de toutes les mesures prescrites pour l'emploi des eaux. Il veille à l'entretien des repères et de tous les ouvrages hydrauliques, et surveille l'ouverture et la fermeture des vannes, la distribution des eaux, l'établissement des rigoles, les digues, etc.

L'ingénieur de l'arrondissement prend connaissance, au moins une fois par an, de l'état des ouvrages.

Le règlement arrêté par les intéressés, pour l'emploi des eaux, est soumis à l'approbation de l'administration du district.

SECTION II.

DE L'ARROSEMENT DES BIENS-FONDS.

21. Les propriétaires de terres arables enclavées dans un quartier ou canton de prairies auquel un s ystème d'irrigation va être appliqué, ne peuvent, ni s'opposer à l'exécution du plan projeté, ni prétendre, pour cause de diminution de revenu, à aucune indemnité. Mais en convertissant leur terres en prés, ils ont le droit de se réunir à l'association, sauf cependant à payer leur part des

frais faits pour les travaux préparatoires et l'exécution de la prise d'eau. En cas de contestation, l'administration du district détermine le chiffre de la somme à payer.

22. Le propriétaire de prairies faisant partie de l'association, est autorisé à réclamer le changement de la dîme du foin en une rente fixe en numéraire.

Ce changement est opéré par l'administration du district, qui prend pour base la moyenne du revenu pendant les dix-huit dernières années. Si ce moyen d'appréciation ne peut être employé, l'estimation du revenu moyen est établie par trois experts, dont un nommé par le propriétaire ayant droit à la dîme, l'autre par celui assujetti à cette dîme, et le troisième par l'administration du district.

La voie de recours est ouverte à chacun contre les décisions de l'administration locale.

SECTION III.

MODE DE PROCÉDER.

23. Les conseils communaux et les propriétaires qui désirent établir l'irrigation sur leurs terres, et sollicitent, à cet effet, l'intervention de l'administration, doivent soumettre à l'autorité supérieure,

1° Une description détaillée et exacte de leur projet, indiquant, d'une manière précise, la contenance des terrains à arroser, le volume d'eau qui leur est nécessaire, le cours d'eau dont il faut la dériver, les travaux de tous genres à exécuter, les droits des tiers dont la cession ou la restriction est nécessaire. On doit y joindre un plan détaillé des terres, leur nivellement et, s'il y a lieu, la quantité de bois qu'il faut abattre;

2° Un devis des frais nécessaires pour le premier établissement et pour l'entretien futur des travaux, avec l'indication des voies et moyens pour le payement des dépenses, et aussi de la quote-part incombante à chacun des intéressés;

3° Un exposé précis des avantages probables que les intéressés retireront de la mise à exécution du projet;

4° Une liste de ceux d'entre les propriétaires du quartier ou canton qui se sont déjà déclarés comme voulant concourir aux frais de la création du système d'arrosement commun, en indiquant la contenance des parcelles susceptibles d'arrosement appartenant à chacun d'eux, et l'état de ceux qui font opposition, en y joignant l'indication ci-dessus indiquée.

Le projet n° 1 et le devis n° 2 sont rédigés, ou au moins vérifiés par un homme de l'art et par un agriculteur connaissant la théorie et la pratique.

Les propriétaires qui ont formé la demande signeront les pièces n° 3 et n° 4, et leurs signatures seront légalisées par l'administrateur communal.

24. L'autorité du cercle doit, avant tout, s'assurer de l'exécution des prescriptions contenues dans les articles 4 et 5, relatives aux frais des travaux préparatoires; ordonner, au besoin, de nouvelles études, et l'exposi-

tion publique des plans et devis. Elle entend ensuite les propriétaires qui ont refusé jusqu'alors, à l'accomplissement du projet, leur concours ou leur consentement.

25. Les plans et devis sont exposés pendant quinze jours chez les administrateurs des communes dans les limites desquelles sont situés les terrains à irriguer, et les propriétaires intéressés sont invités à prendre connaissance préalable des plans, projets et devis, et à déclarer s'ils accèdent à l'exécution de l'entreprise.

26. L'enquête est faite par l'administrateur de la commune dont le territoire renferme les fonds à arroser. Si les fonds s'étendent sur plusieurs communes, l'autorité supérieure du cercle est chargée de l'enquête. Le droit de voter est acquis à chaque propriétaire ou à celui qui exploite comme fermier. Les non comparants sont considérés comme ayant refusé leur concours.

27. Aussitôt que les propriétaires des deux tiers au moins du terrain à arroser ont donné leur assentiment à l'entreprise, l'administration du district porte le projet à la connaissance du public par une triple insertion dans les journaux; il invite, par le même moyen, ceux qui ont des motifs d'opposition ou des droits à faire valoir, à prendre communication des pièces et à consigner, sur un registre ouvert à cet effet, les causes de leur opposition et la mention des titres sur lesquels ils la fondent, le tout dans un délai de six semaines,

sous peine d'encourir la déchéance indiquée ci-après.

28. Ce délai passé, ceux dont les droits à la jouissance de l'eau doivent être restreints, par suite des travaux à établir, ne peuvent plus s'opposer à l'exécution des ouvrages, ni obtenir d'indemnité ; ceux dont les fonds doivent être expropriés ou grevés d'une servitude sont privés de tout droit d'opposition, mais n'en reçoivent pas moins une juste indemnité pour leur dépossession ou la restriction de leurs droits.

29. Après l'expiration du délai fixé pour recevoir les oppositions ou les réclamations des parties intéressées (article 27), l'administration du district clôt le registre qui avait été ouvert à cet effet.

30. Lorsque le terrain à irriguer appartient à plus de six propriétaires, l'administration provoque leur réunion. Dans cette réunion, et sous la direction immédiate de l'autorité du cercle, sont fixés le nombre des mandataires, l'étendue de leur mandat et les circonstances où ils doivent prendre l'avis de toute la société.

Puis on procède à l'élection des président, vice-président et mandataires.

Les voix sont comptées d'après la contenance plus ou moins grande des parcelles appartenant à chaque votant.

31. Les réclamations et oppositions consignées sur le registre sont communiquées aux mandataires; ensuite l'administration du cercle, après les avoir enten-

dus en leurs moyens, examine le mérite des dires respectifs, et intervient afin d'amener des transactions amiables entre les mandataires de l'association et ceux qui, pour la mise à exécution du plan projeté, ont à céder tout ou partie de leur propriété ou de leurs droits de jouissance, à souffrir l'exercice nouveau d'une servitude, ou qui prétendent que cette création leur causera un préjudice quelconque. La validité de ces transactions est subordonnée à l'exécution réelle de l'entreprise.

32. La collection de ces divers actes est transmise à l'administration supérieure, qui, après l'avoir examinée, soumet les points qui n'ont pas été étudiés suffisament, à de nouvelles recherches et discussions qui, au besoin, peuvent avoir lieu sur les lieux mêmes, avec l'assistance de nouveaux experts.

33. Si toutes les parties intéressées sont d'accord sur l'exécution de l'entreprise, et si les tiers n'ont formé aucune opposition, l'autorité du cercle reconnaît aux propriétaires des prairies, en posant cependant de justes limites, le droit de jouir des eaux courantes nécessaires et d'établir les travaux d'art indispensables à l'irrigation.

34. L'autorité du cercle prononce, en première instance, sur les oppositions formées,

1° Par les propriétaires ou fermiers de moulins et usines, à raison de la diminution du volume d'eau auquel ils ont droit;

2° Par les propriétaires des fonds voisins, à cause du préjudice qu'un pareil changement peut faire à leurs terres.

35. Si quelques propriétaires de parcelles du fonds à irriguer refusent leur adhésion à l'entreprise, l'administration du cercle statue selon les règles prévues par l'article 2 de la présente loi, et oblige, le cas échéant, les non consentants à prendre part à l'opération.

36. Dans les cas prévus par l'article 3, et lorsqu'il s'agit de contraindre les tiers à la cession ou à la restriction de leurs droits, l'autorité du cercle soumet, au ministère, les actes avec son avis motivé, et la décision appartient au conseil d'État.

Si ce conseil prononce la cession ou la restriction des droits, et si les parties ne peuvent s'entendre sur le chiffre de l'indemnité, l'administration du cercle la règle provisoirement.

37. Chaque partie intéressée peut se pourvoir, par les voies légales, contre la décision de l'administration du cercle. Le demandeur a, dans ce cas, un délai de trente jours, à partir de la notification de la décision. L'acte de notification fait mention que ce délai est de rigueur.

Le délai expiré, il n'y a plus lieu à appel, à moins que le demandeur ne justifie qu'il a été dans l'impossibilité d'agir.

Si la première décision est confirmée, un nouveau pourvoi est non recevable.

38. Lorsqu'une décision légale a fixé le mode d'exécution d'une irrigation et réglé les indemnités, l'association est obligée, avant de commencer les travaux, et sur la demande d'un seul copropriétaire, de prendre une nouvelle délibération pour décider, s'il y a lieu, de procéder à l'entreprise. Les voix de ceux qui possèdent plus de la moitié du fonds font majorité.

SECTION 4.

DISPOSITIONS PÉNALES.

39. La destruction ou la dégradation des travaux exécutés pour une irrigation sont punis par les tribunaux, d'après l'article 386 du Code pénal.

40. La peine établie contre l'enlèvement ou le déplacement des bornes (article 226 du Code pénal) est appliquée à celui qui déplace, détruit ou rend méconnaissables les marques ou repères établis, par ordre de l'administration, pour indiquer la hauteur des eaux.

41. Les propriétaires ou fermiers d'usines, et ceux qui ont droit à une prise d'eau pour irrigation, encourent la peine de huit jours à quatre mois de prison, s'ils commettent des entreprises sur leurs concessions respectives, soit en ouvrant, soit en forçant les serrures, vannes, etc.

42. Les peines établies par les articles 3, 4 et 5 de l'ordonnance sur les moulins, sont applicables à ceux

qui, de leur autorité privée, élèvent la hauteur d'un barrage ou construisent, sans l'autorisation nécessaire, des vannes ou tous autres ouvrages hydrauliques nuisibles à autrui.

Ceux qui, après avoir obtenu la jouissance d'un droit d'irrigation, négligent de lever les vannes, de laisser passer les flottes de bois, de nettoyer les fossés, et de couper les arbres et broussailles qui croissent sur les bords des cours d'eau, sont passibles des peines portées par les articles 7, 8 et 10 de la même ordonnance sur les moulins.

CHAPITRE III.

DES DESSÉCHEMENTS.

43. Toutes les formalités prescrites par les articles 13 et suivants jusqu'à l'article 42 inclusivement, pour l'établissement des prairies irriguées, s'appliquent aussi aux entreprises relatives aux desséchements.

FIN.

TABLE DES MATIÈRES.

IIe PARTIE DU RAPPORT ADRESSÉ A M. LE MINISTRE DE L'AGRICULTURE ET DU COMMERCE.

TEXTES DES LÉGISLATIONS ÉTRANGÈRES.

EXTRAITS DU CODE PÉNAL SARDE.

BIBLIOTHÈQUE NATIONALE R.F.

www.ingramcontent.com/pod-product-compliance
Ingram Content Group UK Ltd.
Pitfield, Milton Keynes, MK11 3LW, UK
UKHW012210240726
13966UKWH00002B/687

9 782011 915177